杭州市城市河道
长效管理后评估

徐玉裕　编著

中国城市出版社

图书在版编目（CIP）数据

杭州市城市河道长效管理后评估 / 徐玉裕编著 . —北京：中国城市出版社，2020.7
ISBN 978-7-5074-3285-5

Ⅰ.①杭… Ⅱ.①徐… Ⅲ.①城市—河道整治—研究—杭州 Ⅳ.①TV882

中国版本图书馆 CIP 数据核字（2020）第 098914 号

　　本书研究对象为杭州市城市河道长效管理，采用合理评价方式对河道现状管理情况进行调查评价，结合规划中提出的要求和目标，找出变化，分析河道长效管理过程中目标的实现程度，讨论长效管理过程中的管控措施是否合理，为下一步河道长效管理方向提供理论基础和实施依据。本书读者对象为城市河道治理、城市生态文明建设、城市社会治理等方面的研究学者和学生。

责任编辑：李　阳
责任校对：张惠雯

杭州市城市河道长效管理后评估

徐玉裕　编著

*

中国城市出版社出版、发行（北京海淀三里河路9号）
各地新华书店、建筑书店经销
北京鸿文瀚海文化传媒有限公司制版
北京建筑工业印刷厂印刷

*

开本：850×1168毫米　1/32　印张：4⅜　字数：121千字
2020年9月第一版　2020年9月第一次印刷
定价：**18.00**元
ISBN 978-7-5074-3285-5
（904273）

本 书 编 写 组

徐玉裕（杭州市城市水设施和河道保护管理中心） 编著
蔡国强（杭州市城市水设施和河道保护管理中心） 审定

参加人员：
沈星阳（杭州西湖区市政工程有限公司）
张　君（杭州市路桥集团股份有限公司）
陈　锦（杭州市路桥集团股份有限公司）
沈　航（杭州西湖区市政工程有限公司）

前　言

　　"后评估"作为现代管理科学闭环管理中的重要环节，包括将活动（或项目）的结果与前期评估的预想目标、中期评估的操作过程（或调整）进行对比，得出活动（或项目）完成效果以及过程的正确性评价，以及由评价结论和未来趋势预测给出的建议等。

　　在当前的城市管理中，河道管理是重要的组成部分。由于我国河道管理工作起步较晚，直到21世纪，河道管理才从盲目开发建设、重建轻管正式进入建管并举的综合管理阶段。相较之前，管理工作有了长足进步，管理理念也得到了发展。其中，杭州在城市河道长效管理过程中，借鉴现代管理理论成果和国内外实践经验，正在不断创新和变革。

　　本书对照杭州市市区城市河道长效管理规划，采用合理评价方式对河道现状管理情况进行调查评价，为未来河道长效管理和管理方向提出建议，并为下一阶段河道长效管理规划提供依据、奠定基础。同时，针对河道功能、设施、运行管理等方面存在的问题开展项目长效管理机制研究，以努力打造"水网相通、山水相融、城水相依、人水相亲"的河道城市生态。

　　本书主要选取了杭州市绕城公路内470条、长1009km、水域面积26km^{2}的城市河道，对其河道的功能、设施、运行管理进行评估，对河道设施布置情况和河道管理进行了重点研究，从而明确河道设施维护和管理中现阶段存在的问题，以及今后需要改善和提升的方向。

　　在本书编写过程中，特别是在相关资料搜索阶段，得到了浙江省长三角标准技术研究院等单位及朋友的大力支持和帮助，在此谨向所有提供过帮助的单位、朋友致以衷心的谢意！

目　录

1　总论

2　杭州市城市河道长效管理

3　杭州市城市河道长效管理后评估方法与指标体系

4 杭州市城市河道基本功能后评估

5 杭州市城市河道设施后评估

6 杭州市城市河道运行管理后评估

7 结论和建议

1 总论

1.1 项目背景

自改革开放以来,我国综合国力得到极大提升,经济进入平稳快速发展阶段,但在发展的同时,也存在一些问题,比如环境污染问题,特别是一些重要河流与湖泊均遭受不同程度的污染,一些农村地区的群众仍在饮用不合格的水。近20年来,国家为此投入了大量的人力、物力和财力加大对水环境的治理力度,虽然也取得了一些成效,但由于管理体制和管理机制方面的问题,很多城市河道水资源的综合利用和保护效果并不理想,严重影响了河道功能效益的充分发挥。

杭州,因水而名、因水而兴、因水而美。生态环境是杭州最具魅力、最富竞争力的独特优势和战略资源,而城市河道治理是良好生态环境乃至生存环境的基础,更是"五水共治"战略纵深推进的应有之义。面对全球气候变暖引起民众对低碳社会的呼声,杭州必须加大投入,全力实施河道综合保护工程,持续推进长效管理,保护环境,改善水质,传承历史,展现千年文化底蕴,提升城市品位,努力把杭州建成生态美、生产美、生活美的美丽中国先行区。

杭州市区范围内共有474条河道,总长度1021km。杭州市市区河道具有典型平原城市河道特征,水系连网成片,人工调控明显,滨河开发密度大。杭州自20世纪80年代开始对市区河道进行综合整治,虽然取得了很大成效,但由于历史原因,加上河道数量众多,河道水质仍亟待改善,目前仍有60%的河道为劣Ⅴ类水体,80%的河道处于重度富营养化。根据对杭州市区河道水体污染源的分析，沿河的排水口造成的污染占水体污染负荷总量的90%以上，其余是底泥、大气沉降和水面降雨带来的污染。排水口造成的污染来源于污水管道和雨水管道，污水管道排出的主要是未截流的污水及溢流污水，雨水管道排出的主要是混接水和地表径流。

当前，强化城市管理，改善生态环境，实现经济和社会可持续发展已经成为衡量一个国家、民族文明和进步的标志。在城市管理中，城市的河道管理是其中重要的组成部分。近年来，杭州市委、市政府和相关职能部门对"如何进行有效持续的河道管理、为城市可持续发展"作了积极探索和努力，但总体来看，杭州河道管理工作仍不能适应社会经济的可持续发展。因此，深入研究有关河道管理的理论和实际问题，探索科学系统的河道长效管理机制，努力解决河道管理的现实问题，对于改善城市的市容面貌、巩固河道整治成果、发挥河道的综合功能，具有重大的理论意义和现实意义。

我国河道管理工作起步较晚，在经历了盲目开发建设、重建轻管的过程后，进入21世纪，河道管理正逐步转向"建管并举"的综合管理阶段，管理工作较之前有了长足进步，管理理念也得到了发展。特别是在2014年，杭州积极响应省委十三届四次全会提出的"五水共治"战略部署，在结合《省政府关于加强城市内涝防治工作的实施意见》《市人大询问市政府清水治污工作的审议意见》《市政协关于深化五水共治工作的分析和建议》等文件精神基础上，按照新标准、新要求，以"有效改善河道水质、提升城市防洪排涝能力"为目标，加快推进河道建设。

2017年，杭州市委在中共杭州市委十二届二次全体（扩大）会议中提出，将以"八八战略"为指引，以一流状态建设一流城市，在"两个高水平"建设中走在前列，加快城市国际化进程，建设具有独特韵味、别样精彩的世界名城，这些目标也为杭州城市河道建设工作提出了更高标准的要求。

在各级政府的指导和推进下，杭州城市河道综合整治工作取得了丰硕成果：一方面，杭州水环境得到了改善、水安全得到了加强、水景观得到了丰富、综合性功能得到了拓展、历史文脉得到了保护和传承、建设管理水平也得到了提高；另一方面，随着社会经济迅速发展，人民生活水平不断提高，杭城百姓对高品质生活的追求更加强烈，社会对河道优美环境的期望也更加殷切。

目前科学管理在河道理论和实践上的应用并不多，借鉴现代管理理论成果和国内外实践经验，推进河道管理机制创新，越来越成为充分发挥河道功能、促进河道管理工作和可持续发展的必然要求和重要手段。创新已成为现代管理科学的核心，河道管理也必须与时俱进。河道管理作为河流与管理交叉融合产生的重要分支，应跟上时代发展的潮流，并结合区域特色和河道的特点，不断创新和变革。

创新河道管理机制，体现了深刻的理论价值。河道管理是构成现代水务管理理论的重要内容之一：一方面，从我国传统的河道管理理论研究体系来看，对河道管理机制的研究也是近几年才刚刚起步，一直处于研究的初级阶段，需要在进行河道管理理论研究中引入公共产品理论、可持续发展理论、生态平衡理论，从而进一步充实河道管理研究体系；另一方面，我国河道管理的研究还没有形成系统的研究成果，且理论研究与河道管理实践之间还存在某种程度的脱节，这都需要在理论上进一步系统地总结河道管理实践中遇到的一系列问题及解决思路。

国内许多专家学者对河道长效管理与运作的研究多集中于行政管理、养护管理、法制建设以及工程建设管理领域，缺乏河道管理系统的理论研究成果，还没有形成专门的理论和较一致的观点。本书对河道管理进行较为系统的理论研究，可以弥补国内在这方面理论研究的不足。

1.2 研究范围

涵盖杭州主城区（上城区、下城区、西湖区、拱墅区和江干区）以及滨江区范围内的河道管理情况调查，主要对杭州市绕城公路内470条、长1009km、水域面积26km²的城市河道长效管理情况进行评估，见表1-1。

河道情况概览表   表1-1

序号	分区	河道条数
1	上城区	5
2	下城区	18
3	拱墅区	40
4	江干区	31
5	西湖区	70
6	滨江区	25

1.3　主要内容

对照杭州市市区城市河道长效管理规划，采用合理评价方式对河道现状管理情况进行调查评价，结合规划中提出的要求和目标，找出变化，分析河道长效管理过程中目标的实现度，讨论长效管理过程中的管控措施是否合理，为下一步河道长效管理方向提供理论基础和实施依据，并为今后杭州市市区河道长效管理重点提供方向和建议。另外，可开展针对河道功能、设施、运行管理等方面存在的问题开展项目长效管理机制研究，以努力打造"水网相通、山水相融、城水相依、人水相亲"的河道城市生态。

1.4　杭州市城市河道长效管理后评估期限

2009年1月—2018年12月。

1.5　杭州市城市河道长效管理后评估技术路线

对评价范围内的河道的功能、设施、运行管理进行评估，主要对河道设施布置情况和河道管理进行研究，明确河道设施维护和管理现阶段存在的问题，以及今后需要改善和提升的方向。河道长效管理后评估技术路线如图1-1所示。

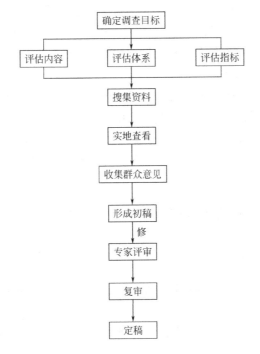

图 1-1 河道长效管理后评估技术路线

1.6 杭州市城市河道长效管理后评估概念

所谓评估，是指由一定的组织或个人（评估主体）对指定的对象（评估客体）依据某种目标、标准、技术或手段（评估度量尺度），按照一定的程序和方法（评估方法）进行分析、研究、比较、判断、评价和预测其效果、价值、趋势以及发展的一种活动（评估活动），是人们认识、把握事物（或活动）的价值和规律的行为，在此基础上形成的结论性材料为评估报告。

后评估将活动（或项目）的结果与前评估的预想目标、中期评估的操作过程或调整进行对比，得出活动（或项目）完成效果以及过程的正确性评价，其结论性材料为后评估报告。同时，后评估还会包含由评价结论和未来趋势预测给出的建议。因此，后评估还为下一个活动（或项目）的决策和管理提供科学、可靠的参考依据，与下一个活动（或项目）的前期评估衔接，成为现代管理科学闭环管理中的重要环节。

本次对杭州市城市河道长效管理进行后评估的是杭州市城市水设施和河道保护管理中心。自中心成立以来，致力于对杭州市城市河道实行长效管理，并对其管理成效及管理过程进行评估，为未来河道长效管理和管理方向提出建议，并为下一阶段河道长效管理规划提供依据、奠定基础。

1.7　杭州市城市河道长效管理后评估依据

（1）杭州市第十二届人民代表大会通过的《杭州市城市河道建设和管理条例》；

（2）2008年，杭州城管委发布的《杭州市市区城市河道长效管理规划》；

（3）《杭州市城市河道长效管理实施办法》（杭政办函〔2009〕344号）；

（4）《杭州市城市河道长效管理考核办法》（杭政办函〔2009〕345号）；

（5）《杭州市城市河道长效管理考核实施细则》（杭城管〔2019〕147号）；

（6）2009年，杭州城管委发布的《杭州市城市河道保洁养护经费定额》（2009年）；

（7）2013年，杭州城管委发布的《杭州市市区城市河道养护管理技术要求》（2013年）；

（8）《杭州市城市河道管理养护技术要求（修订）》（杭城管〔2013〕18号）；

（9）2009年，杭州城管委发布的《杭州市城市河道闸站运行维护技术要求》（2009年）；

（10）2009年，杭州城管委发布的《杭州市区城市河道配水详细规划》（2009年）；

（11）《杭州市市区城市河道防汛抗台工作预案》（杭河监〔2015〕11号）。

2 杭州市城市河道长效管理

2.1 杭州市城市河道长效管理概况

随着杭州经济的快速发展，城市化进程不断加快，杭州城市河道遭受严重污染，大部分水体发黑发臭，河道生态功能严重退化。自2008年以来，杭州市政府开始了对城市河道实行综合治理与保护工程，经综合整治与长效管理，城市河道水质总体在逐年改善。

2013年底，根据100条城市河道和2个湖泊设置的137个监测断面数据显示，优于Ⅴ类（含）水质水体的监测断面占50%，同比增长8个百分点。

杭州市城市河道在综合整治过程中融合了现代水利工程、风景园林及污染治理等多学科的城市河道治理方式：通过对城市河道进行截污补水，改善地表水水质；通过沿河景观设计，将城市河道打造为城区居民休闲廊道；通过对河道的生态改造，恢复河道生态功能，提高水体自净能力，使河道成为杭州市的生态景观廊道。自2009年起，城市河道综合整治工程陆续完工。目前，已整治杭州市绕城公路内城市河道215条（段），占总条数的45.7%。

为了落实河道治理成果，实现城市河道长效管理，使广大市民享受城市河道治理成果，杭州市委、市政府于2008年同时组建成立了杭州市城市水设施和河道保护管理中心，负责绕城公路内城市河道管理工作。城市河道分为市、区两级管理，现已按照市场化管理模式进行养护。面向社会公开招标，选择专业的养护公司进行"河面、河岸、绿化"三位一体养护，已整治河道市场化覆盖率从原有的98.96%提升至100%。

杭州市在城市河道长效管理过程中，建立了完备的管理制度。围绕城市河道长效管理目标，杭州市制定并出台了《杭州市城市河道建设和管理条例》《杭州市市区城市河道长效管理规划》《杭州市城市河道长效管理实施办法》《杭州市城市河道长效管理考核办法》《杭州市城市河道长效管理考核实施细则》《杭州市城市河道及其附属设施建设项目接收管理实施细则》《杭州市城市河道保洁养护经费定额》《杭州市市区城市河道养护管理技术要求》《杭州市城市河道水生植物养护技术要求》《杭州市城市河道闸站运行维护技术要求》《杭州市市区城市河道配水详细规划》《杭州市市区城市河道防汛抗台工作预案》《杭州市市区城市河道水质水量监测与评价方案》《杭州市市管城市河道巡查工作制度》等一系列政策法规、规划方案、规范标准以及规章制度，使城市河道长效管理工作有章理事、有法可依。

杭州市设立城市河道长效管理专项资金。城市河道长效管理费用全部列入城建城管资金计划，22条市管城市河道由杭州市财政局全额出资，内容包括：长效管理管养经费、闸站运行经费、设施改善、水质改善、生态修复、景观提升、清淤疏浚等专项经费。上城区、下城区、江干区、西湖区、拱墅区5个主城区区管城市河道及闸站运行经费由杭州市、区两级财政局按照4∶6的比例出资落实，其中截污纳管、生态处理涉及绿化提升改善工程的费用，由市、区两级财政局按5∶5的比例出资落实；萧山区、余杭区、滨江区、下沙区4个副城区城市河道管养经费由所在辖区负责全额落实，确保了城市河道长效管理工作资金落实，有钱办事。

杭州市城市河道长效管理取得如下成效：

1. 城市河道水质明显改善

2011年杭州市制订了治理104条黑臭河道"一河一方案"和"三年行动计划"，组织实施截污纳管、清淤疏浚、引水配水、生态治理、养护保洁等综合治水措施。全年完成河道截污纳管项目194个，清淤总长度90.6km，清疏淤泥87.6万m³，完成市区河道引配水6.9亿m³。其中，治理9条黑臭河道，45条（段）河道水质摘掉劣V类"帽子"。

2012年，由杭州市城市管理委员会河道监管中心编制《杭州市城市河道清洁水体五年行动方案》；同年，完成截污纳管项目304个，督促137个企业单位进行污水纳管，新增截污量3.34万t/d。治理主城区新开河、长滨河、胜利河等25条黑臭河道。完成33条（段）44.7km河道清淤，清除淤泥37.4万m³，引配水8.1亿m³。

2013年完成截污纳管305个项目，消除城市河道排出口307个，新增污水截污量3.14万t，完成33条（段）52km河道清淤，清除淤泥60万m³，完成河道生态治理项目10个，提升改造一批城市河道引配水和防汛排涝闸站，引配水8亿m³，消除城市黑臭河道30条，其中1/3的原黑臭河道治理后水质达到V类，主城区截污纳管率达到了85%以上，城市河道水质得到有效改善，沿河居民对黑臭河道治理成效满意度达93.5%。

2. 城市河道防汛排涝能力大为增强

2011年，解决积水点60处，改造雨水泵站3个；疏浚管道980km、清除积泥5000m³；疏浚河道、箱涵淤泥19.5万m³。组织应急抢险队伍106支，抢险人员6247人，形成了专业抢险队、乡镇街道抢险人员相结合的应急力量保障体系。

2012年，开展了35个低洼积水治理项目，消除积水点37处；疏浚管道1000km、清除积泥52万m³，疏浚城市河道42条、清除淤泥52万m³。按"一片一方案"要求，完善43处易积水区域应急处置方案。成功防御了台风"海葵""布拉万"和"6·14""8·6"暴风等21次自然灾害（台风和暴雨）袭击。

2013年，在对30个雨量站点、61个水位站点和89个视频站点进行检测维护的基础上，新增了11个视频监控点。组织开展河道隐患及防汛防台预案落实情况督查，组织防汛实战演练。成功防御了台风"苏力""菲特"和"6·24""8·19""9·13"暴雨等8次自然灾害（台风和暴雨）袭击。

3. 城市河道精细化管理水平不断提高

2011年，引入数字城管信息平台加强河道管理问题采集，同时加强日常监管巡查，针对违章涉河建设、偷排泥浆等严重违法事件，及时开展违法违章联合专项整治。市、区两级河道共有保洁养护人员1555人、巡查人员105人，做到Ⅰ类水质河道每天巡查两次、Ⅱ类水质河道每天巡查一次、Ⅲ类水质河道每两天巡查一次。全年共发现问题32788个，整改32340个，整改率达到98.6%。联合执法工作28次，外运垃圾27319t。

2012年，每月对100条河道和2个湖泊的137个监测断面开展水质水量常规监测，每季度对东河等10条主要干流开展24项全指标监测。共完成各类水质监测1614点次，水量监测284点次。建立监测与执法的无缝衔接机制，及时查处违章涉河建设、偷排偷倒、破坏绿地等违法行为。全年联合执法71次，接收、处理数字城管信息平台问题交办3220件，整改率为100%。

2013年，完成水质监测1614点次，水量监测284点次。推进河面保洁、河岸设施和河道绿化综合养护一体化管理，提高管养作业效率。城市河道实施综合一体化养护招标投标，已整治河道市场化养护覆盖率从原有的98.96%提升至100%。

2.2 杭州市城市河道养护管理的创新方法或举措

在管护体制上，备塘河、南黄港和九沙河3条河道全面实行"河长制"，杭州西湖区市政工程有限公司与相关城管执法部门、属地街道、社区形成联动机制，借助常态化巡管等方式，加强整体区域的环境管控。针对不同程度存在的垃圾死角、新建违建等问题，杭州西湖区市政工程有限公司会同执法人员、街道、社区工作人员，重点围绕各自"四边三化"区域特点"对症下药"，将清理垃圾死角与严打违法建设等结合起来，并根据各自实际适时对整改后区域开展绿化栽种，达到美化、净化"线边"环境的效果。

在管护措施上，按照"源头养水、全域治水、科学用水、依法管水、全民护水"五水共治要求，开展河流沿线排污口全线排查，设立148块排水口公示牌。

针对九沙河天热后局部区域蓝藻爆发、污花上浮，再加上九沙河河面较宽，而过去传统的河道保洁作业模式打捞速度慢的情况，杭州西湖区市政工程有限公司特地引入电动打捞船1艘（图2-1），并在船上安装GPS定位装置，每一趟的行驶轨迹都有迹可循，使河道养护工作更加环保、规范，更有效率。

图2-1　电动打捞船作业图

为了减少农药使用量，保护城市环境，杭州西湖区市政工程有限公司积极引入花绒寄甲和加州新小绥螨生物防治技术，为杭州城市病虫害绿色防控增添新的手段，提供了更好的技术保障（图2-2）。

水葫芦（图2-3）吸收污垢的能力被认为是所有水生植物中最强的。在适当的条件下，水葫芦不仅可以吸收氮和磷元素，还可以从污水中去除重金属元素，如镉、铅、汞、铊、银、钴和锶。鉴于水葫芦的这个净化和治污作用，杭州西湖区市政工程有限公司在九沙河三期河道两侧种植14000m²的水葫芦，用于九沙河水质的提升。

为进一步增强与属地街道的互动交流，营造良好的发展氛围，

(a) 香樟生物防治　　　　　　　　　(b) 花绒寄甲

图 2-2　生物防治技术

图 2-3　水葫芦

杭州西湖区市政工程有限公司积极和属地街道开展丰富多彩的党建共建活动：2019年3月12日植树节，杭州西湖区市政工程有限公司连同杭州市城市水设施和河道保护管理中心和普新社区共同开展九沙河植树活动（图2-4），协助完成九沙河10棵巾帼樱花木的种植工作；2019年3月23日，杭州西湖区市政工程有限公司配合杭州市城市水设施和河道保护管理中心举办面向社会的"植树护水——丁兰之约"活动（图2-5），完成备塘河筧丁路口120棵樱花的植树工作，并进行相应的后期养护工作。通过党建共建活动拉近企业街道之间的距离，推动属地街道与企业党建的有机融合，从组织统筹互促、活动统筹安排、文化统筹交流等多个方面加强党建工作交流与沟通，促进双方党建工作和业务共同发展。

图2-4　九沙河植树活动　　图2-5　"植树护水——丁兰之约"活动

2.3　国内河道长效管理实例

杭州，江南水乡城市，纵横交错的河道形成了杭州特有的水系脉络肌理。水景则构成了杭州景观"独特性""唯一性"的空间特征，充分表现了杭州历史文化名城和风景旅游城市的风貌特色，京杭大运河景观已成为一道亮丽的风景线。

1. 科学调控景观照明

加强河道亮灯工程的监督实施，积极维护亮灯照明设施；研究亮灯工程的渲染效果，合理制定和优化亮灯控制方案，在节约能源和避免光污染的前提下达到亮灯工程的最佳景观效果。

2. 保持环境整齐有序

科学制定保洁作业方案，优化保洁设施布局，有序安排保洁路线；加强船只面貌和形式的有序管理，规范船只的有序泊放，引导游客有序游玩；监督河道沿线商铺的有序管理；保持河道绿化整齐、整洁和有序。

3. 研究生态护岸形式

积极研究护岸形式，合理制定护岸方案，为河道建设提供合理、科学的意见和建议。做好护岸维护工作，大力推行生态护岸，生态护岸除满足堤防汛的基本功能外，还可补枯、调节水位、增加水体的自净作用。同时，生态护岸对于河流生物过程同样起到重大作用。

4．营造水乡沿岸风貌

积极研究沿岸建筑的优化布置，合理定位沿岸建筑形式及风格，科学确定沿岸建筑高度；研究沿岸雕塑的形式及风格，科学选定雕塑题材，优化雕塑布局；形成优美、统一并富有文化内涵的沿岸风貌。

5．传承历史人文景观

充分尊重地域性特点，积极挖掘历史人文内涵，并组织相应的滨水活动，让社会全体成员都能共享滨水的乐趣和兴趣；同时，积极保护滨水区的历史传承与文化特色，保护和利用历史建筑，突出人文景观的鲜明特色；以河道管理指导和促进河道人文景观的建设，使滨水区形成独具一格的特色滨水景观。

2.4 国外河道长效管理实例

日本1997年修订了《河川法》，将河道管理的目标由"治水"和"利水"两大目标变成"治水""利水""环境"三大目标，体现了河道管理要纳入环境系统的管理之中，并在管理中注重城市环境保护的理念。《河川法》对排污者排污行为也作了相关规定，除进行排污正常申报外，在河道枯水季节，为保证河道水质，应限制排污者向河道排放废水量或停止排污，注重对水环境质量的改善。

英国在20世纪70年代以后经历了河道水资源管理模式的转变，与自然相协调的河道管理理念和流域管理理念得以确立。英国伦敦泰晤士河经历了从分散管理到综合管理的过程。自1955年起，逐步实施流域水资源水环境综合管理；1963年颁布了《水资源法》，并成立了河流管理局，实施取用水许可制度，统一水资源配置；1973年《水资源法》修订后，全流域200多个涉水管理单位合并成泰晤士河水务管理局，统一管理水处理、水产养殖、灌溉、畜牧、航运、防洪等工作，形成流域综合管理模式；1989年，随着公共事业民营化改革，水务局转变为泰晤士河水务公司，承担供水、排水职能，不再承担防洪、排涝和污染控制职能。政府建立了专业化的监管体系，负责财务、水质监管等，实现了经营者和监管者的分离。

21世纪初，韩国首尔清溪川政府下决心开展综合整治和水质恢复工作，主要采取了三方面措施：一是疏浚清淤，2005年，总投资3900亿韩元（约3.6亿美元）的"清溪川复原工程"竣工，拆除了河道上的高架桥、清除了水泥封盖、清理了河床淤泥、还原了自然面貌；二是全面截污，两岸铺设截污管道，将污水送入处理厂统一处理，并截流初期雨水；三是保持水量，从汉江日均取水9.8万t，通过泵站注入河道，加上净化处理的2.2万t城市地下水，总注水量达12万t，让河流保持40cm水深。

法国巴黎塞纳河的污染主要来自四个方面：一是上游农业过量施用化肥农药；二是工业企业向河道大量排污；三是生活污水与垃圾随意排放，尤其是含磷洗涤剂使用导致河水富营养化问题严重；四是下游的河床淤积，既造成洪水隐患，也影响沿岸景观。其工程治理措施主要包括以下四个方面：

1. 截污治理

巴黎政府规定污水不得直排入河，要求搬迁废水直排的工厂，难以搬迁的要严格治理。1991—2001年，巴黎政府投资56亿欧元新建污水处理设施，污水处理率提高了30%。

2. 完善城市下水道

巴黎下水道总长2400km，地下还有6000座蓄水池，每年从污水中回收的固体垃圾达1.5万m^3。巴黎下水道共有1300多名维护工，负责清扫坑道、修理管道、监管污水处理设施等工作，配备了清砂船及卡车、虹吸管、高压水枪等专业设备，并使用地理信息系统等现代技术进行管理维护。

3. 削减农业污染

河流66%的营养物质来源于化肥施用，主要通过地下水渗透入河。巴黎一方面从源头加强化肥农药等面源控制，另一方面对50%以上的污水处理厂实施脱氮除磷改造。但硝酸盐污染仍是难以处理的痼疾。

4. 河道蓄水补水

为调节河道水量，巴黎建设有4座大型蓄水湖，蓄水总量达8亿m³；同时修建了19个水闸船闸，使河道水位从不足1m升至3.4 ~ 5.7m，有效地改善了航运条件与河岸带景观。此外还进行了河岸河堤整治，采用石砌河岸，避免冲刷造成泥砂流入；建设二级河堤，高层河堤用于抵御洪涝，低层河堤改造为景观车道。

3 杭州市城市河道长效管理后评估方法与指标体系

3.1 杭州市城市河道长效管理后评估的特点

3.1.1 后评估依据的现实性

后评估是对项目已经完成的现实结果进行分析研究，依据的数据资料是建设项目实际发生的真实数据和真实情况，对将来的预测也是以评估时点的现实情况为基础。因此，后评估依据的有关资料，数据的采集、提供、取舍都要坚持实事求是的原则，否则将违反后评估的客观性，导致错误的结论。

3.1.2 后评估内容的全面性

后评估既要总结、分析和评价项目建设过程，又要总结分析和评价项目的实施状况；不仅要总结分析和评价项目的经济效益、社会效益，而且要总结、分析和评估经营管理。后评估的对象具有广泛性，评估内容具有全面性。

3.1.3 后评估方法的对比性

后评估有强烈的对比性。只有对比才能找出差异，才能判断决策、实施的正确与否，才能分析和评价成功或失误的程度。对比，是将实际结果与原定目标对比，同口径对比。将已经实施完成的结果或某阶段性结果，与建设项目原批准的可行性报告设定的各项预期指标进行详细对比，找出差异，分析原因，总结经验教训。

3.1.4　后评估结论的反馈性

后评估要分析项目执行现状，发现问题并探索未来的发展方向，因而要把握影响项目实施成果的主要因素，并提出切实可行的改进措施。项目后评估的目的是为改进和完善项目管理提供建议，为决策部门提供参考和借鉴，也是对项目规划实施成果最直接的反馈。

3.2　杭州市城市河道长效管理后评估方法

河道长效管理后评估主要采用对比方法。对比方法主要有"前后对比"和"有无对比"。

"前后对比"是将项目实施之前与完成之后的情况加以比较，以确定项目的作用和效益的对比方法。在后评价中，则是将项目前期阶段的可行性研究、经济评价的预测结论与项目的实际运行结果相比较，以发现变化、分析原因的对比方法。这种对比用于揭示项目的计划、决策和实施的质量，是项目过程评价应遵循的原则。

"有无对比"是指将项目实际发生的情况与若无项目时可能发生的情况进行对比，以度量项目的真实影响和作用。对比的重点要分清项目作用的影响与项目以外作用的影响。"有无对比"是评价的一个重要方法。通过项目实施所付出的资源代价与项目实施后产生效果进行对比得出项目业绩好坏的结论。

后评估将活动（或项目）的结果与前评估的预想目标、中期评估的操作过程或调整进行对比，得出活动（或项目）完成效果以及过程的正确性评价。河道长效管理后评估主要以杭州市人民政府在2008年发布的《杭州市市区河道长效管理规划》为基础，通过对管理过程中形成各类材料和数据进行采集分析，对近10年来河道长效管理的管理成效和实施过程进行客观评估。

4 杭州市城市河道基本功能后评估

4.1 杭州市城市河道水体环境评估

杭州，有江、有河、有湖、有溪，又邻海，是一座"五水共导"的山水城市。市内河道纵横交织，河湖密布，据杭州市第一次水利普查公报，全市共有河流3223条。千百年来，这些河脉水系犹如丝丝血脉，不仅养育了这方水土的居民，而且使杭州成了钟灵毓秀之地。水是杭州的灵魂，水孕育了杭州悠久灿烂的历史文化，杭州的历史，就是一部"因水而生、因水而立、因水而兴、因水而名、因水而美、因水而强"的历史，杭州"治水""用水"的历程串联并见证了整个城市的发展史。

随着城市建设的快速发展，河道整治建设揭开了崭新的一页：20世纪50年代曾先后对余杭塘河、中河、东河、贴沙河等河道及西湖进行了浚治；20世纪80年代开始了对新开河的分段疏浚和中河、东河历时五年之久的大规模综合治理。杭州市八届人大第六次会议通过的《关于加快杭州市区河道综合整治的决议》，拉开了贴沙河等10条市区河道综合治理的帷幕。

4.1.1 长效管理前水体环境状况

截至2006年底，通过10年三轮河道整治，杭州市城建部门完成了近20条河道的综合整治工程建设，耗资20多亿元，改善了区域河网水质及河道周边环境，但是由于受到征地拆迁、做地融资等客观条件的限制和整治理念、技术措施等局限，杭州仍有部分河道尚未整治到位,如城东地区尚有防洪排涝骨干河道未连片成网,河道水体环境质量还未得到有效改观;仍有河道河床断面和设施未按规划到位,断头河、阻水点依然存在,影响河网水流顺畅,制约河道排涝;一些城郊结合部区域,城中村改造和地块截污不到位,使得进入河道水体的污染源不能彻底根除,河道水质状况仍比较差,离达到水功能区目标还有一定差距。

4.1.2 长效管理后水体环境现状

经过杭州市政府在环境质量改善与提高方面多年不懈的努力,杭州的水环境质量明显改善,如图4-1和图4-2所示。其中,水环境中的典型污染物——氨氮与磷均实现了稳定控制,基本实现了优于Ⅲ类水质的标准。据2017年杭州市环境公报显示,全市水环境质量状况良好,同比稳中有升。全市水功能区148个,参与评价的98个,其中有77个达到Ⅲ类水质标准,77个达到水功能区目标水质要求。从空间分布来看,山区水质好于平原水质。钱塘江流域参与评价的水功能区63个,达到Ⅲ类水质标准的54个,达到水功能区目标水质的50个。与2016年相比,水质变化不大,个别未达标水功能区主要超标项目为总磷。苕溪流域参与评价的水功能区15个,达到Ⅲ类水质标准的和达到水功能区目标水质的均为14个,总体水质稳定,仅有一个水功能区因总磷超标而未达标。运河流域参与评价的水功能区20个,达到Ⅲ类水质标准的9个,达到水功能区目标水质的13个,水质优于2016年水平。主要超标项目为氨氮和总磷。西湖和西溪湿地水体水质全年为Ⅲ类,保持稳定。2017年,全市列入最严格水资源管理制度考核的水功能区87个,考核项目为氨氮和高锰酸盐指数2个指标,达标79个,达标率为90.8%。参与评价的城市饮用水源地站点18个,其基本项目均满足Ⅲ类水质要求。

2019年8月水环境质量状况分析如下:

1. 总体概况

2019年8月,杭州市37个省控以上功能区断面中,优于Ⅲ类水质断面占83.8%,同比上升2.7个百分点;满足功能要求断面占

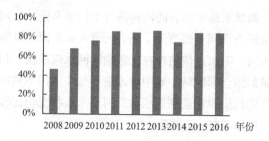

图4-1　杭州市控断面水环境功能区达标率

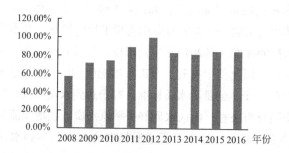

图4-2　杭州市控断面水环境达到或优于Ⅲ类水质标准比例

78.4%，同比下降5.4个百分点。

2019年1—8月，市控以上断面中，优于Ⅲ类水质断面占92.3%，同比上升3.8个百分点；满足功能要求断面占98.1%，同比上升5.8个百分点。

2019年1—8月，杭州市跨行政区域河流交接断面考核结果为优秀。

2. 省考断面水质情况

2019年8月，杭州市32个省考断面中，优于Ⅲ类水质断面占81.3%，同比持平；满足功能要求断面占75.0%，同比下降9.4个百分点，主要为闸口（总磷、溶解氧超标）、七堡（总磷、溶解氧超标）、浦阳江出口（总磷、高锰酸盐指数、溶解氧超标）、奉口（溶解氧超标）、大坝前（总磷超标）、猪头角（溶解氧超标）、大麻渡

口（溶解氧超标）、五杭运河大桥（溶解氧、总磷超标）等8个断面
未达标。

2019年1—8月，省考断面中，优于Ⅲ类水质断面占93.8%，同
比上升6.3个百分点；满足功能要求断面占96.9%，同比上升6.3个
百分点。

2019年1—8月，18个（街口断面不纳入统计）跨行政区域河流
交接断面中，优于Ⅲ类占比88.9%，同比上升11.1个百分点。

3. 市考断面水质情况

2019年1—8月，七区、县（市）交接断面水质考核中，富阳、
桐庐、淳安、临安、建德、萧山达标率均为100%；余杭区的达标率
为87.5%（表4-1）。

2019年1—8月，主城区24个交接断面中，优于Ⅲ类断面占比
50.0%。

2019年1—8月各区、县（市）水环境质量状况　　表4-1

区、县（市）	市控以上功能区断面水质状况			交接断面水质状况及评价结果				
	断面数（个）	达标率（%）		断面数（个）	评价结果		达标率（%）	
		2019年1—8月	2018年1—8月		结果	不合格指标	2019年1—8月	2018年1—8月
上城区	3	100	100	4	良好	—	—	—
下城区	1	100	100	3	优秀	—	—	—
江干区	2	100	100	4	不合格	氨氮	—	—
拱墅区	3	100	100	2	良好	—	—	—
西湖区	1	100	100	2	良好	—	—	—
滨江区	—	—	—	2	优秀	—	—	—
风景名胜区	4	100	100	1	—	—	—	—
钱塘新区	1	100	100	6	良好	—	—	—
萧山区	4	75.0	75.0		优秀	—	100	100
余杭区	7	100	71.4	8	良好	—	87.5	50.0

区、县（市）	市控以上功能区断面水质状况			交接断面水质状况及评价结果				
	断面数（个）	达标率（%）		断面数（个）	评价结果		达标率（%）	
		2019年1—8月	2018年1—8月		结果	不合格指标	2019年1—8月	2018年1—8月
富阳区	6	100	100	3	优秀	—	100	100
桐庐县	3	100	100	4	优秀	—	100	100
淳安县	6	100	83.3	1	良好	—	100	100
建德市	4	100	100	2	优秀	—	100	100
临安区	7	100	100	4	优秀	—	100	100

4.1.2.1　拱墅区水体环境现状

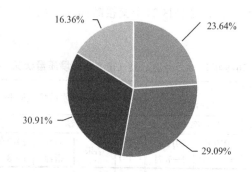

图4-3　拱墅区2017年河道水质情况

从图4-3中可以看出拱墅区河道水质的总体情况：Ⅱ类水质占16.36%、Ⅲ类水质占30.91%、Ⅳ类水质占29.09%、Ⅴ类水质占23.64%。与此同时，我们对拱墅区运河杭州农业用水区、西塘河杭州景观娱乐用水区、余杭塘河杭州景观娱乐用水区、运河杭州景观娱乐用水区、古新河杭州娱乐用水区、上塘河杭州农业用水区六段河段2015年水质、2017年水质、目标水质进行了对比，见表4-2。

拱墅区六段河段水质情况表　　　　表4-2

河段	2015 年水质	2017 年水质	目标水质
运河杭州农业用水区	劣Ⅴ类	Ⅲ类	Ⅲ类
西塘河杭州景观娱乐用水区	劣Ⅴ类	Ⅳ类	Ⅲ类
余杭塘河杭州景观娱乐用水区	劣Ⅴ类	Ⅲ类	Ⅳ类
运河杭州景观娱乐用水区	劣Ⅴ类	Ⅲ类	Ⅳ类
古新河杭州娱乐用水区	Ⅳ类	Ⅲ类	Ⅳ类
上塘河杭州农业用水区	劣Ⅴ类	Ⅳ类	Ⅲ类

从表中可以看出，所调查的拱墅区六段河段河道水质都有所进步，体现了城市河道长效管理的作用。但六段河段中西塘河杭州景观娱乐用水区和上塘河杭州农业用水区仍没有达到目标水质，尚需继续加强管理，改善水质。

4.1.2.2　上城区水体环境现状

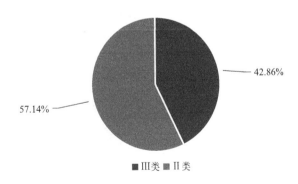

图 4-4　上城区 2017 年河道水质情况

从图4-4中可以看出上城区河道水质的总体情况：Ⅱ类水质占57.14%、Ⅲ类水质占42.86%，整体水质情况良好。与此同时，我们对上城区新开河—引水河杭州景观娱乐用水区、中河杭州景观娱乐用水区、东河杭州景观娱乐用水区、中河杭州饮用水源区四段河段

2015年水质、2017年水质、目标水质进行了对比，见表4-3。

上城区四段河段水质情况表   表4-3

河段	2015年水质	2017年水质	目标水质
新开河—引水河杭州景观娱乐用水区	劣V类	II类	IV类
中河杭州景观娱乐用水区	III类	III类	III类
东河杭州景观娱乐用水区	IV类	III类	IV类
中河杭州饮用水源区	II类	III类	III类

从表中可以看出，新开河—引水河杭州景观娱乐用水区、东河杭州景观娱乐用水区两段河段水质有所提升，且都达到了目标水质。中河杭州景观娱乐用水区水质并未发生明显变化，但中河杭州饮用水源区水质有所下降，有关单位需及时调查研究，加强监管，提升水质。

4.1.2.3　下城区水体环境现状

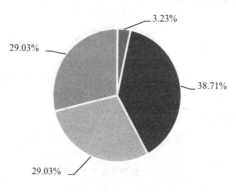

图4-5　下城区2017年河道水质情况

从图4-5中可以看出下城区河道水质的总体情况：II类水质占29.03%、III类水质占29.03%、IV类水质占38.71%、V类水质占3.23%。与此同时，我们对下城区古新河杭州娱乐用水区、中河杭州景观娱乐用水区、东河杭州景观娱乐用水区、运河杭州农业用水区、上塘河杭州农业用水区、运河杭州景观娱乐用水区六段河段2015年水质、2017年水质、目标水质进行了对比,见表4-4。

下城区六段河段水质情况表   表4-4

河段	2015年水质	2017年水质	目标水质
古新河杭州娱乐用水区	Ⅳ类	Ⅱ类	Ⅳ类
中河杭州景观娱乐用水区	Ⅲ类	Ⅲ类	Ⅲ类
东河杭州景观娱乐用水区	劣Ⅴ类	Ⅲ类	Ⅳ类
运河杭州农业用水区	劣Ⅴ类	Ⅱ类	Ⅲ类
上塘河杭州农业用水区	劣Ⅴ类	Ⅲ类	Ⅳ类
运河杭州景观娱乐用水区	劣Ⅴ类	Ⅱ类	Ⅲ类

从表中可以看出,除中河杭州景观娱乐用水区水质未发生明显变化外,其他五段河段水质都有较大的提升,体现了下城区城市河道长效管理的效果,并且六段河段都达到了目标水质。

4.1.2.4 西湖区水体环境现状

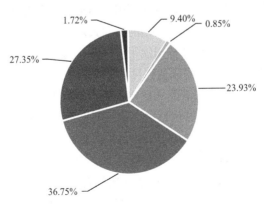

图4-6 西湖区2017年河道水质情况

从图4-6中可以看出西湖区河道水质的总体情况：Ⅰ类水质占1.72%、Ⅱ类水质占27.35%、Ⅲ类水质占36.75%、Ⅳ类水质占23.93%、Ⅴ类水质占9.40%、劣Ⅴ类水质占0.85%。与此同时，我们对西湖区沿山河杭州景观娱乐用水区、西湖杭州景观娱乐用水区、余杭塘河杭州景观娱乐用水区、钱塘江杭州饮用水源区、富春江富阳饮用水源区五段河段2015年水质、2017年水质、目标水质进行了对比，见表4-5。

西湖区五段河段水质情况表　　　　　　表4-5

河段	2015年水质	2017年水质	目标水质
沿山河杭州景观娱乐用水区	劣Ⅴ类	Ⅱ类	Ⅳ类
西湖杭州景观娱乐用水区	Ⅳ类	Ⅱ类	Ⅳ类
余杭塘河杭州景观娱乐用水区	劣Ⅴ类	Ⅳ类	Ⅲ类
钱塘江杭州饮用水源区	Ⅲ类	Ⅱ类	Ⅱ类
富春江富阳饮用水源区	Ⅱ类	Ⅲ类	Ⅱ类

从表中可以看出，除富春江富阳饮用水源区水质下降外，其他河段水质都有所上升，其中沿山河杭州景观娱乐用水区、西湖杭州景观娱乐用水区、钱塘江杭州饮用水源区达到目标水质，余杭塘河杭州景观娱乐用水区水质未达到目标水质。

富春江富阳饮用水源区2015年水质情况为Ⅱ类。现通过查看十里横浦—2号机埠监测点位数据，该段河道水质为Ⅲ类，其中高锰酸盐指数、氨氮、总磷指标均未达到Ⅱ类水质标准。

导致河道污染原因：一是农业污染，农田灌溉废水流入河道；二是生活污染，沿河居民洗涤情况比较普遍；三是配水不畅，夏季枯水季，九号浦配水泵站无法配水，造成水质变差；四是其他污染，高速公路雨水汇入河道，该雨水中含有汽车轮胎橡胶成分。

4.1.2.5 江干区水体环境现状

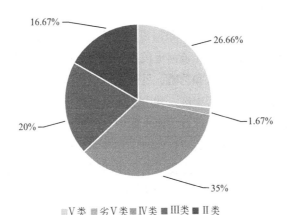

图 4-7 江干区 2017 年河道水质情况

从图4-7中可以看出江干区河道水质的总体情况：Ⅱ类水质占16.67%、Ⅲ类水质占20%、Ⅳ类水质占35%、Ⅴ类水质占26.66%、劣Ⅴ类水质占1.67%。与此同时，我们对江干区新开河—引水河杭州景观娱乐用水区、运河杭州农业用水区、贴沙河杭州饮用水源区、钱塘江杭州饮用水源区、钱塘江杭州景观娱乐、渔业用水区五段河段2015年水质、2017年水质、目标水质进行了对比，见表4-6。

江干区五段河段水质情况表 表4-6

河段	2015 年水质	2017 年水质	目标水质
新开河—引水河杭州景观娱乐用水区	劣Ⅴ类	Ⅳ类	Ⅳ类
运河杭州农业用水区	劣Ⅴ类	Ⅲ类	Ⅲ类
贴沙河杭州饮用水源区	Ⅲ类	Ⅱ类	Ⅱ类
钱塘江杭州饮用水源区	Ⅲ类	Ⅱ类	Ⅱ类
钱塘江杭州景观娱乐、渔业用水区	Ⅲ类	Ⅱ类	Ⅲ类

从表中可以看出，江干区所调查的五段河段河道水质都有所上升，而且全部达到了目标水质。

但是在调查江干区的60条河道水质情况时，查看和睦港—冯金桥的监测点位数据发现，该河道段水质监测数据仍处于劣Ⅴ类，主要超标污染因子为氨氮和总磷，另外水体中的溶解氧含量略低。和睦港沿岸为居民住宅密集区，其中水体氨氮超标，主要原因可能是沿岸生活污水排入河道导致，而水体中总磷超标，则需进一步进行水样分析监测，确认导致超标的因子是否为有机磷，如是有机磷则说明导致河道水质较差的主要原因是生活污水排入。通过从源头切断污染源，可使河道水质得到整体提升。

4.1.2.6　滨江区水体环境现状

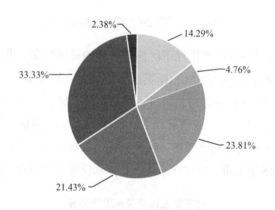

图 4-8　滨江区 2017 年河道水质情况

从图4-8中可以看出滨江区河道水质的总体情况：Ⅰ类水质占2.38%、Ⅱ类水质占33.33%、Ⅲ类水质占21.43%、Ⅳ类水质占23.81%、Ⅴ类水质占14.29%、劣Ⅴ类水质占4.76%。与此同时，我们对滨江区先峰河萧山农业、工业用水区、白马湖萧山饮用水源区两段河段2015年水质、2017年水质、目标水质进行了对比，见表4-7。

滨江区两段河段水质情况表 表4-7

河段	2015 年水质	2017 年水质	目标水质
先峰河萧山农业、工业用水区	劣Ⅴ类	Ⅱ类	Ⅲ类
白马湖萧山饮用水源区	Ⅳ类	Ⅱ类	Ⅲ类

从表中可以看出，滨江区先峰河萧山农业、工业用水区和白马湖萧山饮用水源区两段河段水质都有了很大的提升，并且都达到了目标水质。

在调查滨江区的42条河道水质情况时，查看山北河一标二标交接点的监测点位数据发现，该河道段水质监测数据处于Ⅳ类，主要超标污染因子为氨氮和总磷。山北河所穿过区域主要为工业聚集区，水体氨氮和总磷超标，需主要排查周边工业企业是否存在污水偷排，导致河道水体水质不达标。通过从源头切断污染源，可使河道水质得到整体提升。

另外，查看石荡河—石塘河34号的监测点位数据发现，该河道段水质监测数据处于Ⅴ类，主要超标污染因子为氨氮，石荡河所穿过区域主要为工业聚集区，水体氨氮超标需主要排查周边工业企业是否存在污水偷排，导致河道水体水质不达标。需从源头切断污染源，以便进一步提高河道水质。

4.1.3 杭州市城市河道排涝成果

2013年末，浙江省委作出了"治污水、防洪水、排涝水、保供水、抓节水"的五水共治重大决策。这几年的杭州通过采取"清三河""污水零直排""河湖库塘清污（淤）"以及深化"河长制"等一系列举措，使杭州市水环境质量得到明显改善。

杭州因突然下暴雨而导致的交通中断、家中进水、交通不方便、路面排水缓慢、积水过多等状况正在逐渐改善和消失，目前城区再未出现较大范围积水的内涝，路面公交站也通行畅通。

杭州市河道排涝工程及成果包括：实施"上蓄"防汛排涝工程，2015年建成投入试运行闲林水库。2016年，水库拦截上埠河上游约500万 m³的山水。实施"中疏"排涝工程，三年完成小流域治理工程8个，完成城市河道综合整治170项，打通机场港、九沙河等32条断头河。完成小区积水和道路积水治理工程共343处，改造易淹易涝片区58片。实施"下排"防汛排涝工程，近三年，杭州新建和扩建三堡南排工程，华家排灌站、四五排灌站等大中型排涝泵站，其中三堡南排工程泵站最大排涝流量为200m³/s，4台机组开足马力，一天就能抽掉1.5个西湖的水，降低运河水位40cm。

这些工程的实施极大地改善了百姓的生活，满足了当代人的需求，又不损害后代人满足其需求的发展，加快了社会经济的转动，体现了可持续发展的科学观点。

4.2　杭州市城市河道景观生态评估

杭州市"十二五"规划提出，要按照"截污、清淤、驳坎、配水、绿化、造景、管理"的要求开展市区河道综合整治。近年来，生态修复技术在河道综合整治工作中得到越来越广泛的应用，并取得了一定的效果。

4.2.1　杭州市城市河道长效管理前景观生态状况

根据杭州市城市水设施和河道保护管理中心的历年监测数据，本次考察的4条示范河道在采取生态修复措施前污染状况均较为严重（表4-8）。其中沿山河属于典型的中心城区河道，主要受到管网排污的影响，氮磷含量超标严重；后横港和新塘河都属于新城区河道，历史上曾经受到农业面源的影响，但目前主要污染源还是管网排污，生物污水中的氮磷和有机质含量超标是造成河道劣V类（参照《地表水环境质量标准》GB 3838—2002）水质和黑臭的主要原因；南大河属于典型的城中村河道，城中村生活污水的无序排放是河道污染的主要原因。总地来说，上述河道在治理前水质都处于劣V类，蓝藻水华和黑臭爆发频繁。

杭州市4条生态示范河道治理前水质状况（2011—2013年） 表4-8

河道	氨氮（mg/L）	总磷（mg/L）	高锰酸盐指数（mg/L）	溶解氧（mg/L）	透明度（m）
沿山河	2.87 ~ 3.46	0.33 ~ 0.38	4.92 ~ 6.46	4.15 ~ 0.50	0.47 ~ 0.50
新塘河	3.56 ~ 6.02	0.34 ~ 0.54	4.42 ~ 5.77	2.86 ~ 4.30	0.27 ~ 0.46
南大河	4.45	0.59	5.30	4.04	0.60
后横港	2.74 ~ 5.90	0.41 ~ 0.72	4.63 ~ 7.74	3.29 ~ 4.55	0.19 ~ 0.35

4.2.2 杭州市城市河道长效管理后景观生态现状

上述4条示范河道从2014年开始，分别开展了一系列生态修复工程，具体措施如下：

（1）后横港：通过食藻虫接种与驯化、有益微生物菌种接种和培育、水下草皮种植和水体微流循环系统的建立，在约5500m²水域面积内通过多种修复手段建立水下生态系统。

（2）新塘河：中上游河段采取初期雨水预处理结合原位净化治理模式。初期雨水预处理设施包括旁路处理型湿地和一体化净化单元；原位净化系统包括人工水草、曝气、水生植物（挺水植物、浮叶植物为主，小面积恢复沉水植物）和水生动物等。

（3）沿山河：下游河段采用了鼓风曝气、沉水植物、挺水植物、浮水植物、微生物制剂、人工水草和水生动物结合的治理模式。部分河道由于水较深且透明度较低，沉水植物采用可调节高度的盆栽种植。

（4）南大河：设置曝气设施，布置净化浮岛、景观浮岛，种植挺水、浮水植物，水生动植物定向培养，对7500m²左右的水域进行生态治理。

通过4条生态示范河道水质状况治理前后的对比，治理后4条河道的水质状况改善明显。

在各项水质指标中，氨氮含量下降最为明显。除新塘河外，其他河道经过生态修复后氨氮浓度都从原来的劣Ⅴ类水平降至Ⅴ类甚至Ⅳ类水平，且在治理后基本保持比较稳定的水平。后横港治理后氨氮含量下降超过80%，其他河道氨氮含量也较污染最为严重时有60%左右的削减。新塘河氨氮虽然仍处于劣Ⅴ类，但这主要是受到近年来市政建设的影响，但其相对高峰值下降明显。

总磷的治理效果在后横港最为明显，浓度下降接近70%，其他河道浓度下降在23% ~ 55%。从浓度值来看，沿山河和后横港在治理后总磷浓度最低，其中沿山河水质在2015年总磷能达到Ⅲ类水平，而后横港也全面达到Ⅳ类水平。在所有治理河道中，只有南大河的总磷浓度没有达到Ⅴ类以内的水平，但较治理前还是有明显下降。

杭州市城市河道高锰酸盐指数的污染情况并不严重，在治理前就普遍处于Ⅲ ~ Ⅳ类的水平，并不是主要的污染物质。生态治理工程在除南大河外的3条河道进一步降低了高锰酸盐指数，部分河道高锰酸盐指数能达到Ⅱ类水平。

在水生植物光合作用和河道中耗氧污染物质去除的共同作用下，生态示范河道的溶解氧浓度上升都十分明显，特别是后横港和南大河，所有河道溶解氧都能达到Ⅲ类以上水平。

在经过生态治理后，沿山河、新塘河和后横港的浮游植物密度都较低，各季度密度都在10^6个/L的数量级，属于正常水平，其中：后横港浮游植物密度最低，这和营养盐的下降以及沉水植物的作用有密切关系；南大河的浮游植物密度则远高于其他河道，这可能与其相对较高的营养水平以及较低的流速有关。从浮游植物种类组成来看，蓝藻是南大河在夏、秋季水华爆发期主要的浮游植物优势类群，而其他河道在大部分时段都是硅藻和绿藻占优势。

原生动物和轮虫都是新塘河和南大河密度较高，而沿山河与后横港较低；枝角类也有类似趋势，但南大河明显偏高；桡足类密度则是后横港和南大河更高。浮游动物不同类群的密度与水体营养水平以及适宜的生境有密切关系。枝角类、桡足类以浮游植物为食，南大河较高的浮游植物密度可能与其明显偏高的藻密度有关，而后横港较高的桡足类水平则可能与其生态修复过程中使用的"食藻虫"技术有关。从季节角度来看，冬、春季原生动物密度较高而夏、秋季则是轮虫、枝角类和桡足类密度较高。

总体来说，杭州市城市河道生态治理工作近年来取得了显著的成效，4条生态示范河道的水质都得到了明显的提升，同时也为生态治理理论在杭州市河道治理工作中的实际应用积累了丰富的经验。将生态治理手段与其他理化手段相结合，进一步强化综合治理的效果是杭州市城市河道生态治理工作需要摸索的方向。

近年，为实现水利现代化，通过应用信息技术、计算机技术、人工智能等技术，建立水资源实时监控管理系统，实现了城市河道及水资源管理的信息化。实现了与公安、气象、林水、数字城管等资源的整合共享，视频会商和防汛预案、点片抢险预案、防汛物资储备调拨的数字化。

在西部重点河道增设了32个视频监控、水位测报和雨量监测站，并对126个雨量站点、48个水位站点、62个河道视频监控点等设施进行了监测维护，为防汛指挥决策系统提供实时信息。

另外，联合城市管理行政主管部门加强对涉河在建建设项目的监督管理，确保城市河道排水畅通和河道设施安全。督促建设单位限期对不符合防洪标准、岸线规划和其他技术标准的跨河、穿河、穿堤、临河等建设工程采取措施予以纠正。

对于城市河道管理范围内的河道，包括壅水、阻水严重的桥涵、过河管线、码头和其他临河、跨河工程设施，已根据国家、省、市规定的防洪标准，责成设施负责人限期整改或者拆除。涉及汛期影响防洪安全的，也已服从防汛指挥机构的紧急处理决定予以调整和拆除。

5 杭州市城市河道设施后评估

近年来，杭州市大力开展截污纳管、河道清淤疏浚、环境引配水、生态治理等多项工程举措，坚持以"拆、清、截、引、治、管"的组合拳来推动城市水环境改善。2013—2017年，全市打通断头河36条，拆除沿河违章建筑7027万余 m^2；清淤河道193条段、320km、309万 m^3（城市河道清淤162条（段）、281.9km、280万 m^3），全市核心河道基本完成一轮底泥污染物清疏；实施截污纳管2076项，消灭市区排污口3040个，日增截污量25万t；提升改造91座闸泵站，实施清水入城7项，引配水51.4亿 m^3；完成生态治理项目174个（生态治理工程74个，涉及水域面积155.6万 m^2），采用曝气增氧、人工水草、生态浮岛、水生植物（包括挺水植物、沉水植物、浮水植物、浮叶植物）、生物酶、净水设备等综合治理技术重建、修复生态系统。

5.1 杭州市城市河道水体设施评估

水体设施包括河床、护岸（堤岸）、断面及岸线、管涵、箱涵、水生动植物、生态浮岛、生物填料、曝气机等设施。水体设施对于城市河道来说非常重要，一旦某个水体设施出现问题，马上便会辐射影响整个城市河道。因此对城市河道的水体设施进行评估是十分必要的。

5.1.1 杭州市城市河道长效管理前水体设施状况

在进行城市河道长效管理前，杭州城市河道的水体设施整体情况较为糟糕，许多河道河床都出现严重的淤积情况，不仅影响了河道的通航和泄洪能力，同时对河道的生态功能也有一定的破坏。发生河道淤积的原因有河流动力所导致的泥沙相互转换，也有人为破坏所带来的影响。陆海间的泥砂相互转换是全球剥蚀系统的一个重要组成部分。而许多河道由于常年没有进行疏导和维护，从而使其淤塞现象开始逐年上升。同时许多河道的闸门常年处于关闭状态，使河道的水流自然流动性受到了不同程度的破坏，削弱了河道的自净能力。另外，大量的强降雨将地表中的土壤颗粒挟带到河流中，从而形成黏附力较强的淤泥，在不断的淤积下导致河道发生严重的堵塞，使河道的正常功能受到较大的影响。

城市河道许多堤防工程从堤顶到堤坡、滩地河口到河坡等都被大量地开垦出来用于种植农作物，这就导致堤防工程的草皮和植被受到了严重的破坏，一旦发生大雨，则会导致其径流对工程产生冲刷，从而导致河道发生淤积。

而在河道与村庄及城镇相连接的地段，由于人们的环境保护意识较差，从而导致大量垃圾及污水被倾倒、排放到河道中，从而导致河道发生不同程度的淤积。

杭州地处江南水乡，河网密布。传统的河道整治，因为认识不足和滨水空间限制等原因，往往着重于硬质护岸的设计，结果造成河道生态性的减退和景观的破坏。虽然部分地区应用了生态护岸，但水陆交错带上的植物配置方式较单一，景观效果相似，生物多样性不足，且缺乏系统的评价体系。

5.1.2 杭州市城市河道长效管理后水体设施现状

城市河道长效管理实行后，杭州市政府为确保城市河道长效管理工作顺利开展，成立了城市河道长效管理领导小组，由分管副市长任组长，各区政府主要领导任小组成员。领导小组负责制定年度城市河道长效管理计划和任务，定期召开联席工作例会，监督、指导、协调各项工作的落实，组织相关部门研究长效管理工作中的热点、难点问题并提出处理意见。2008年先后成立了市、区二级城市河道监管机构,核定编制人员共175名,其中市级编制50名、区级编制125名,为城市河道长效管理提供了有力的人才保障,确保了城市河道长效管理工作有人办事。

在以往河道治理中,驳岸样式及其处理出于防洪、航运、灌溉等功能的价值考量,城镇内的河道水系往往进行渠道化、表面硬化的人工改造,如裁弯取直、浆砌块石、混凝土护岸等。而经过改造的河流,虽然保障了沿河两岸城镇聚落的防洪安全,增强了航运能力,但河流自身的景观与生态价值却大大降低,不能满足城镇居民对于良好生活品质的需求。因此,自实施综合治理与保护工程以来,运河、上塘河、余杭塘河、胜利河等城区主要河道已陆续得到改造,并已初步形成集"宜行、宜游、宜娱、宜闲"于一体的格局。如京杭运河杭州段,针对河道自身特点,在原有硬质驳岸基础上,通过在两边驳岸近水一侧堆叠卵石等方式形成水生植物种植床,并配置河柳、芦苇、美人蕉等对生长环境要求不高、长势强健、抗冲刷能力强的水生植物种类,从而弱化了原有驳岸的硬质属性,并极大地强化了运河自身的景观属性和生态属性。对于像中河等受诸多条件限制的一些河道,则通过在驳岸外侧增添植物来实现柔化驳岸硬质属性的目的。通过调查发现,部分河道或区段驳岸依然存在工程化严重、生硬且僵化等现象;抑或虽然具备生态驳岸的初步条件,但却缺乏岸边水生植物的良好配置,从而直接降低了其景观及生态价值。十年河道整治清淤、护岸情况(2007—2016年)如图5-1和图5-2所示。

5.1.3 杭州市城市河道水体设施评估示例

十字港河,南起西塘河,北至钱家,全长2487m。在长效管理前,十字港河水体总体呈现富营养化,颜色发绿,高温季节易爆发蓝藻,水质为劣Ⅴ类。水体表面生长着以蓝藻为优势种群的大量水藻,形成一层"绿色浮渣",底层堆积的有机物质在厌氧条件下分解产生的有害气体和一些浮游生物产生的生物毒素伤害鱼类,对生态环境造成破坏(图5-3)。

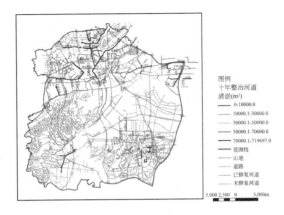

图 5-1 十年河道整治清淤情况（2007—2016 年）

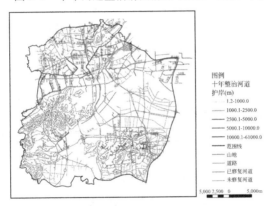

图 5-2 十年河道整治护岸情况（2007—2016 年）

图 5-3 长效管理前的十字港河

图5-4 十字港河生态治理工艺

十字港河的生态治理工程于2015年11月启动，为恢复河道正常功能，促进社会经济的快速持续发展，杭州市进行河道清淤疏浚工程。十字港河采用"食藻虫+水下森林+曝气复氧+生态浮岛+水生动植物"的生态治理工艺，如图5-4所示。根据河道特点及水质治理目标，构建以"水下森林"为主的沉水植物生产者群落，结合水生生物操纵和增氧技术，通过合理布置和搭配水生动、植物，在完善食物链的同时，全面改善水体水质，实现河道水体自净，提高水体透明度，全方位构建水上、水下层次优美、亲切自然的水体生态景观。经过三年多的河道治理，十字港河已然从一条黑臭河变成了一条省级示范河道。十字港河早已没有往日的黑臭，水质从劣V类提升至Ⅲ类，水体透明度高。

2017年，十字港河由于突发排污，河水发浑，水质遭受污染，但两周后，河道通过自净系统自主恢复透明。十字港河在受污染后，水质能恢复如此之快，归功于食藻虫引导的水下生态修复技术，构建了强大而稳定的水下生态系统。成功地实现了城市河道的长效管理，为杭州其他城市河道提供了经验。长效管理后的十字港河如图5-5所示。

图5-5 长效管理后的十字港河

5.1.4 杭州市城市河道水体设施评估小结

通过十字港河的水体设施整治工程示例可以看出，水体设施整治的重点在于综合运用整治手段，不仅要短时间将水质提升上去，还要注意长时间的河道水质问题。在治理的同时要注意污水反扑的问题，还要以保护河道中的生态为前提，让杭州市城市河道长效管理的作用在水体设施整治中体现出来。

近几年，在杭州市委、市政府的高度重视下，以及各有关部门的协同努力下，杭州市区河道建设、管理、养护体制已基本形成"分工合作、密切配合""建管分离、管养分开""事企分开、管干分离"的市场化运作格局，达到了市委、市政府之前所提出的"流畅、水清、岸绿、景美、宜居、繁荣"的目标。

5.2 杭州市城市河道景观生态设施评估

景观生态设施包括绿化植物、慢行系统及园路、垃圾上岸平台、景观平台、廊道亭楼、人行桥梁、栈道栈桥、人工湿地、景观亮灯等。根据杭州市人民政府发布的《杭州市城市河道保护管理办法》中有关规定，对城市河道管理和保护范围内开设经营性场所、设置户外广告设施、实施亮灯工程、开展旅游休闲等活动的，均要对其是否符合城市河道相关规划要求进行审查，确保其遵守城市河道洁化、绿化、亮化、序化和防洪排涝、水上交通、环境保护等规定，并要接受城市管理行政主管部门和城市河道监管机构的监督管理。

5.2.1 杭州市城市河道长效管理前景观生态设施状况

在工业化与城市化不断推进发展的背景下，生态环境不断遭到破坏，河流作为生态环境的重要组成部分未能幸免。杭州市内大部分河流都受到不同程度的影响，河道功能逐渐从多元化退化到单一化，有些甚至从单一化退化到没有任何作用。

河道绿化主要以香樟、海桐等常绿植物为主，搭配少量以柳树、榉树等为主的落叶植物，树种不够丰富；花卉植物以及水生植物运用较少，整体色彩及层次不丰富，难以达到视觉效果，季相变化不明显（图5-6）；养护管理不到位，泥土裸露现象严重（图5-7），植物修剪较为粗放，过于凌乱，在一定程度上影响视觉效果。

图5-6　色彩及树种较为单调

图5-7　泥土裸露现象严重

分片系推荐树种如下：

1. 运河片系

该片区水系贯穿杭州主城区，总体水系景观现状良好，与市民日常生活和游憩出行联系紧密，河道沿岸有较多历史文化遗迹，都市游憩廊道、乡土文化廊道以及生态维护廊道均有包含。所以，植物选择以大气、开朗为主，四季景观均要体现，与城市主流空间交融的重要节点处以秋季景观为主调。

基调树种：樟树、银杏、枫香、珊瑚朴、朴树、木樨、无患子、木荷和三角槭等。

特色树种：乳源木莲、荷花玉兰、杜仲、榔榆、柿树、金钱松、香橼、香柚、紫荆、全缘叶栾树、鹅掌楸、榉树（图5-8）等。

图5-8　榉树

2. 上塘河片系

该片区水系主要贯穿城市
生活区，总体水质较差。该片
系河道的主要问题应该是恢复
生态功能，沟通河道廊道与居
住区绿地，使市民能充分享受
河道带来的景观和便利，真正
体现"还河于民"。所以，植

图5-9 紫薇

物选择以观果观叶的中小乔木为主（图5-9），四季景观均要体现，
但与居民区交融的绿地植物景观以亲和有生活情趣为主调。

基调树种：樟树、银杏、枫香、珊瑚朴、朴树、木樨、无患
子、木荷、三角槭。

特色树种：杨梅、柿树、枇杷、海棠、石榴、铜钱树、无花
果、全缘叶栾树、合欢、香柚等。

3. 上泗片系

该片区总体自然环境较好，水质较好，周边植物绿地景观较为
优越。河道景观定位以生态维护廊道为主。所以植物景观以阔叶常
绿、落叶混交林配置方式为主。

基调树种：樟树、银杏、苦槠、枫香、珊瑚朴、朴树、青冈
栎、榔榆、木樨、无患子、女贞、乐昌含笑、深山含笑、木荷、三
角槭等。

特色树种以小乔木和灌木为主，以丰满生态维护林的层次，如
鸡爪槭、紫叶李、斑叶灯台树、洒金珊瑚、菲白竹、卫矛、毛黄
栌、火炬树、浙江蜡梅、铁线莲、红山茶、夏蜡梅、棣棠、黄刺
玫、紫藤、常春油麻藤、瑞香等。

4. 下沙片系

该片系属钱塘江冲积土，土壤盐分重，呈微碱性。

基调树种：樟树、苦槠、朴树、青冈栎、榔榆、木樨、柳杉、
无患子、水杉、女贞。

特色树种：槐树、白榆、楝树、柽柳等。

该片系的河渠水污染较重，水质恶化严重，急需治理改善。河道一般沿路布置，沿岸绿地宽度有限，植物景观大多需要与道路景观统一考虑。多选择分枝点高适合做行道树和有防护作用的大乔木为景观的主调植物（图5-10），如樟树、枫杨、乐昌含笑、珊瑚朴、杭州榆、朴树、青冈栎、臭椿、香椿、夹竹桃、棕榈、厚皮香等。

图5-10　河岸绿地景观效果图

5. 江南片系

该片系河道靠滨江一带属钱塘江冲积土，土壤盐分重，呈微碱性。主要以乡土文化廊道和生态维护廊道为主，廊道沿岸历史遗迹众多，又充满浓郁郊野风光，是都市游憩、乡土文化和生态维护充分结合的复合性廊道典范。因此特色树种选择以清新秀丽的乡土树种为主，多选择落叶大乔木，配以自然种植的地被植物，在城市中植物层次可简单清新，在自然郊野地段则以成片成林种植为主。

基调树种：樟树、苦槠、朴树、青冈栎、榔榆、柳杉、无患子、水杉、女贞。

特色树种可以选用槐树、白榆、楝树、柽柳等。

沿河廊道除选择湿生树种外，该片区的主调观花植物可选择以春季开花的为主，如玉兰、二乔玉兰、紫玉兰、红山茶、茶梅、绣球、木芙蓉、木槿、珍珠梅、白鹃梅、贴梗海棠、海棠、西府海棠、垂丝海棠、棣棠、野蔷薇、玫瑰、月季、香水月季、黄刺玫、木香、毛樱桃、桃、杏、梅、合欢、山合欢、紫荆、云实、石榴、重瓣红石榴、四照花、秀丽四照花、夹竹桃、马樱丹、金钟花、紫丁香、白丁香、迎春（图5-11）、云南黄馨、探春、美国凌霄、满山红等。

图5-11 迎春

林中伴生树种可选择乳源木莲、紫楠、厚皮香、倒卵叶石楠、瑞香、东瀛珊瑚、八角金盘、中华长春藤、忍冬等。

城市河道存在部分河段未设置护栏，护岸形式多为自然生态式，岸上植物层次较为单调，仅以乔木层和地被层为主，阻隔性不强，且易引起小孩对水的好奇心，只有部分驳岸设有护栏，不能完全实现安全上的保护，设有护栏的河段主要采用铁链栏杆，容易吸引居民特别是儿童坐在铁链上，危险性较大（图5-12）；部分河道的护栏形式为石质护栏，且多以与坐凳相结合的形式出现，虽然满足了居民对休憩的需求，但是存在一定的安全隐患（图5-13）。

城市河道中大部分河道旁都缺乏照明设施，且布置分散，管理

图5-12 铁链护栏

图5-13 与坐凳相结合的护栏

也不到位，有的城市河道即使有设置照明设施，但损坏的较多，维修不够及时。如余杭塘河紫金港河段1km范围内都未设置路灯（图5-14），对于夜间活动有较大隐患；上塘河主要以设置高杆路灯为主，对于草坪灯及景观灯的设置较少，特别是人流聚集较多的区域，不便于夜间活动的进行（图5-15）。

图 5-14　未设置路灯段　　　　　图 5-15　缺少草坪灯

5.2.2　杭州市城市河道长效管理后景观生态设施现状

为实现城市河道美观、清洁、安全等目的，杭州市除有各级属地管理机构和人员专门负责有关管理工作外，还特别成立了杭州市城市水设施和河道保护管理中心，负责市区城市河道的设施维护、设备运行、水面清洁、防汛排涝、清淤疏浚、水质监测等监管工作，总体成效显著。

城市河道两侧的环境逐年改善，景观多样性不断得到体现，每条河道景观各显特色，能满足人们的亲水需求。主要有以下两方面的体现：

（1）在硬质景观方面，最大化地利用每条河道两侧资源，科学、合理地布置景观节点、娱乐与休闲空间等，设置了游步道、休憩花架、休憩座椅、现代雕塑等园林小品以及公共卫生间等服务设施；将展现杭州地方历史文化的元素符号通过雕塑、栏杆、铺装等载体融入其中，为整个绿地营造了浓厚的文化氛围，很好地体现了地域文化的传承与延续，可识别性强。

（2）在植物景观方面，所用植物种类以乡土植物为多，适应性好、抗病能力强，少有病虫害发生，其园林植物配置与杭州传统的园林植物配置模式和风格相融合，体现了其自身特点，获得一致好评。如贴沙河沿岸的植物配置，以垂柳为沿岸的基调树种，根据每个区块的特点（包括两岸社会、人文、经济情况以及绿地的宽窄），整体上统一协调，但在局部又凸显个性，特别是在植物空间的营造、种类的选择以及植物季相的变化上都有一定差异。

城市河道绿化分类见表5-1。

城市河道绿化分类表 表5-1

绿地等级	标准
一级	园路、园灯、园椅、园林小品、灌溉、卫生、围护等园林设施完善，绿化覆盖率95%以上，绿地宽度8m以上，面积4000m² 以上
二级	具有园路、灌溉、一般的游憩设施，绿化覆盖率90%以上的绿地，具有分车绿化带的道路绿地
三级	除一、二级公共绿地以外的其他公共绿地
借地绿化	政府采取借地补贴的方法，通过调整用地结构对城市部分规划绿地实施绿化造林的绿地

5.2.3 杭州市城市河道景观生态设施评估示例

2016年，"美丽中国长江行——共舞长江经济带·生态篇"浙江站媒体采访团来杭州市考察，十字港河被评为杭州市主城区唯一一条生态治理示范河道，成为名副其实的"模范生"，也为全市河道整治工作树立了典范。

为使河道周边土地发挥其最大经济价值，结合河道周边的用地情况和河道红线要求，河道两岸建立的生态廊道，包括绿化带、步行和自行车道等形式，与城市次干道、支路的步行、自行车道形成了较为完整的慢行系统，和陆上交通一起构成了杭州市的城市交通网络。连续、舒适的慢行系统的形成，实现了"水网、路网、河边慢行道路网"的三网合一，完善了水陆交通系统。步行道和自行车道作为人们观赏河道景观的载体，也为市民、游客提供了更多的观景、观水、亲水、近水的机会，体验其中的意境，形成了水、陆融合的旅游休闲体系。

通过对河道两岸的生态廊道建设，使得城区内有限的自然生态景观带得到了有效的保护、修复和管理，最大限度发挥了区域土地的经济价值、生态价值和美学价值，也使得河道的生态功能得到了充分的发挥。

河道的生态功能主要体现在以下四方面：

1. 净化环境，调节气候，减轻城市热岛效应功能

河岸生态廊道作为减轻外部影响的绿色屏障，可以有效维持城区良好的大气环境质量水平。森林绿地系统能消减城市热岛效应，调节大气湿度，同时维持城市大气中的碳氧平衡，不断吸收二氧化碳并把清新的空气输送到市区。

2. 涵养水源，保持水土功能

河岸生态廊道类似于小型森林生态系统，森林具有蓄水固土和调节径流功能。森林通过树冠截留降雨量，可减少地表径流的60%；每平方米森林的枯落物可持水40～160t，森林土壤贮水量可达到1000～4000t；据试验测定，森林被破坏地区砂土流失量为良好森林的5～8倍，裸露地要大数十倍，减少水土流失可有效保护耕地与道路交通设施；调节流量，森林覆盖好的林地径流量一般只占降水量的40%左右，而荒山无林地可达50%以上。

3. 保护生物多样性功能

生物多样性是维护系统稳定性的基础性条件，是区域生命支持系统的核心，也是支持区域稳定与发展的物质基础。生物多样性不仅提供具有经济价值的生物资源，而且生物改造环境的作用赋予生物多样性巨大的环境价值，它所产生的实际效益要比它的直接经济价值大得多。生态廊道是维护生物多样性的基本条件。

4. 城市景观生态和社会文化功能

城市生态廊道是城市生态系统和城市景观系统的重建，将形成具有鲜明文化特色的生态城市景观，对于维持城市生态景观稳定性

和推动系统良性发展演替具有重要作用。生态廊道所造就的美丽景观和提供的娱乐、生态旅游、野趣体验以及生物多样性可以启迪人们的智慧，提供科学研究对象和文学、美学创作的源泉。对现代社会来说，人文价值尤为突出。

对于在城市化过程中，脆弱的自然生态系统和乡土文化必须适当加以保护，对于已经受到破坏的重要自然过程和有价值的景观应当逐渐恢复。河流廊道的范围是保护河流某些重要自然过程或人文过程所需要的基本空间。其范围的划分与不同的目标有关。其划定应考虑防洪需要、生物栖息地位置、阻止农业养分流入河道的宽度以及游憩需要。河流的保护决不限于保护河道。

河流廊道的基本宽度在城市和城郊地带有所不同，考虑到土地成本在城市段宜选择最低安全水平，即 50 ~ 80m；在城郊、乡村则应选择高安全水平，即 80 ~ 150m。这一范围基本能满足自然河流地貌和生物过程所需的空间。同时，廊道宽度的确定要与城市绿地系统规划相协调（图 5-16）。

图 5-16   河流廊道

城市生态廊道具体设计要求如下：

（1）对滨水地段不适宜游憩的土地利用要加以调整，明确沿河绿道控制范围的宽度。如有已经封闭的河道，则要开放。如沿河有连续的林带，则可适当疏解。

（2）疏浚河道，改善水质，提高水体的游憩适宜性；设立游船码头，建立水上游道，提高水体利用率。

（3）游步道应形成连续完整的滨水步行系统，并与相邻的城市步道系统连接，廊道内部的机动交通除交叉口外应逐步迁出，以保证廊道的安静和安全。

（4）在护岸设计上应注意设置亲水的小品和构筑物，岸线设计要生态化和亲水化、人性化。结合开放空间建设游船码头。

（5）通过可视区域控制法，选取重要景观，在景观建筑高度设计上应尽量保证通向水面视线，滨水建筑要注意与水的结合，并控制体量。滨水游步道效果图如图5-17所示。

图5-17　滨水游步道效果图

5.2.4　杭州市城市河道景观生态设施评估小结

据杭州市河道综保指挥部副总指挥皇甫佳群介绍，杭州市区291条河道的景观设计都按照人文原则、人本原则、生态原则来进行建设规划，因地制宜、有效布局。因为景观设计不仅仅是用来养眼的，更是可以让市民参与的。市民可以从河埠头走来亲水，也可以躺在草地上享受碧水蓝天，更可以自由自在地漫步在景色宜人的沿河两岸。

河道景观设计不仅要植树，更要因地制宜打造一条自然河道和滨水带，设置凹岸、凸岸、深潭、浅滩和沙洲等景观元素，它们可以为各种生物创造适宜的生长环境，是生命多样性的景观基础。丰富多样的河岸和水际边缘效应是任何其他生态环境所无法替代的，而连续的自然水际又是各种生物的迁徙廊道。

因此，杭州建委系统资深人士张良华明确提出，河道的景观设计不仅仅就是两岸的绿化带建设，在荷兰的阿姆斯特丹和俄罗斯的圣彼得堡，很多建筑都是紧贴着河道建设的，依旧美观、古朴，具有地方特色。杭州的河道景观设计要从改善绿地交通着手，逐步细化，真正把杭州打造成为"流畅、水清、岸绿、景美、宜居、繁荣"的宜居城市。

5.3 杭州市城市河道运行管理设施评估

运行管理设施包括闸门泵站、管理用房及养护基地、垃圾房、公共厕所、环卫取水点等。用于通航、灌溉及其他功能的涵闸、泵站等设施的设置与使用，应当符合防汛要求。在汛期，城市河道闸、坝、泵站的启闭应当按照城市防汛预案的规定实施，由杭州市城市管理行政主管部门按照规定职责调度管理。

5.3.1 杭州市城市河道长效管理前运行管理设施状况

杭州市运行管理设施养护管理总体上采用了以人工为主的养护管理手段，人工清掏雨水口、雨水井，使用毛竹片清疏支管，对于大型雨水管道（河道水位高于管顶标高）清疏能力特别不足，机械化设备与机械化养护管理率与各城市相比明显落后，各城区及水务集团虽已配备机械化养护管理设备，但总体数量十分有限，机械化水平较低，这与杭州市现有1000多km的市政排水设施量不相匹配，对设施的养护管理质量和养护管理效率十分不利。区级污水管网特别是小区内污水管网长效管理工作责任主体不明确，长效养护管理难以落实，管网老化、破损、错接、乱接问题屡有发生，导致河道污染源重复出现，工程项目重复实施，且效果不甚理想。

传统的管养一体化模式，管理部门和养护部门往往存在着特殊的关系，难以对养护质量进行真正的监管和考核，养护人员缺少忧患竞争意识，人浮于事的情况较为普遍，有限的资金没有用在城市河道设施养护上，而是多消耗在养人上，养护质量无法满足人民群众对城市河道的需求。

同时受到征地拆迁、做地融资等客观条件的限制和整治理念、技术措施等局限，杭州部分河道尚有防洪排涝骨干河道未连片成网，河道水体环境质量还未得到有效改观；仍有河道河床断面和设施未按规划实施，断头河、阻水点依然存在，影响河网水流顺畅，制约河道排涝；一些城郊结合部区域，城中村改造和地块截污不到位，使得进入河道水体的污染源不能彻底根除，河道水质状况仍比较差，与水质功能区目标还有差距。大部分的城市河道运行管理设施并没有完全建立起来，建立起来的设施，平时的养护次数也不足。

养护基地用地、垃圾淤泥中转站用地、垃圾临时堆放点及船只安全停靠点功能布局，见表5-2 ~ 表5-4。

综上所述，整个运行管理设施并没有完全发挥其作用。

养护基地用地一览表

表5-2

项目	占地面积（m²）	用途
办公用房	300	传达室、办公室、会议室、值班室、食堂、淋浴及更衣室、卫生间等
河道管理第三级监控中心站	100	机房、监控室、多功能厅（多媒体展示、视频会议）、值班室
应急物资周转仓库	150	防汛等应急物资堆放
机修间	100	工具堆放、大型机修

续表

项目	占地面积（m²）	用途
道路及停、回车场用地	150	供环境卫生车辆停车、行驶
绿地	400	景观树种和绿化
合计	1200	—

垃圾淤泥中转站用地一览表　　　　表5-3

项目	占地面积（m²）	用途
办公区	100	办公室、值班室、淋浴及更衣室、卫生间
淤泥作业区	250	淤泥堆放、作业
垃圾作业区	100	垃圾堆放、作业
道路及停、回车场用地	200	环境卫生车辆行驶、停车、回车
操作室	50	垃圾、淤泥起重机械操作、应急电源
绿地	200	高风树种，阻挡隔离气味
合计	900	—

垃圾临时堆放点及船只安全停靠点功能布局一览表　　　　表5-4

项目	占地面积（m²）	用途
清淤上岸平台	40	垃圾、淤泥卸货区
垃圾临时堆放区	10	垃圾、淤泥临时堆放
道路用地	60	—
合计	110	—

5.3.2　杭州市城市河道长效管理后运行管理设施现状

近年来，杭州市政府结合城市建设重点和热点区域水质改善的迫切性，制定了城市河道整治建设规划，加快城市河道综合整治，确保河道整治工作与两岸截污纳管同步实施。

杭州市政府建立了市区联动工作机制，在河道水质改善、长效管养、副城区河道管理上不断推进。推行了一体化管理，绕城内河道管理、养护责任主体均有落实。深化养护机制改革，通过养护市场招标投标、规范养护管理技术标准、出台考核细则以及实行养护经费与考核挂钩等制度，推动了日常养护的专业化、市场化。

除此之外，杭州市政府还健全了河道养护和岗位工作标准，修订《杭州市市区河道管理养护技术要求》（杭城管〔2013〕18号）等4个养护规范技术性文件；加强与相关部门合作，制订《杭州市城市河道设施市场化养护管理发展意见》；修订《杭州市城市河道保洁养护经费定额》等7个规范、标准。

为全面改善城市环境，进一步推进水资源循环利用清洗道路工作，达到循环节约用水的目的，环卫取水点采用共建共享共用模式。如下城区的艮山电厂公厕内有个环卫取水点，从临近的河道取水，经处理，用于朝晖环卫所、建北环卫所辖区内的道路洒水，一年可节约6万余t自来水。

像这样的取水点，目前杭州已经有6处。2018年还要新增18处河道取水点，取水的水源来自运河、上塘河等河道，今后将主要用于环卫洒水作业。

杭州目前一年的环卫洒水作业用水要用掉300多万t自来水。等到这些取水点建成，杭州一年可以节省下40%的环卫用水。而且取水点取出来的河水，不会直接洒到马路上。常年水质稳定的水，经滤网过滤后可直接使用，水质不稳定的需要先处理：初滤→沉淀→净化→消毒→储水（蓄水）等。这样，河水处理过后，就能用于环卫作业了。取水点建设如图5-18、图5-19所示。

5.3.3 杭州市城市河道运行管理设施评估示例

环丁水系河道，处于杭州市首个美丽河道标准化试点项目——丁兰综合治水示范区，总长9678m，水域面积145244m^2，流经丁兰街道12个社区，涵盖勤丰港、东风港、三义港、丁桥一号港、丁桥

图 5-18 环卫工人在给取水点加固

图 5-19 取水点正在进行水压、电伏测试

二号港、泥桥港等6条河道。环丁水系水系图如图5-20所示。长效管理前，环丁水系河道运行管理设施养护以人工为主，机械化水平不足，日常养护质量和效率低，河道污染源重复出现，影响整体河网水流的顺畅性，制约河道汛期排涝等。

2013年前后，环丁水系按照水域规划并结合城市的开发建设完成河道的综合整治；2014年，完成黑臭河道治理；2016年，完成"环丁

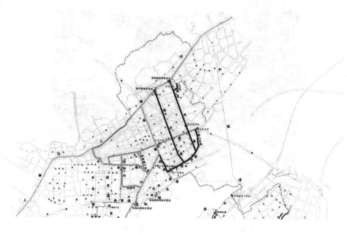

图 5-20   环丁水系水系图

水系"河道污水零直排建设。同年,为打造综合性丁兰治水示范区,江干区投资近6000万元,积极探索区域一体化治水项目,通过整合"河道清淤、生态治理、配水泵站建设(图5-21)、入河污染控制、智慧治理系统建设、河岸水环境综合利用"六大治理手段,在丁兰街道区块实施河道清淤,河道共清淤8条8万m³、生态治理河11条,总长19.8km,建设配水闸泵站1处,设置亲水平台和垂钓点30余处,打造了丁兰河道沿线驿行通道等。丁桥一号港河道清淤如图5-22所示。

图 5-21   泥桥港配水泵站

图5-22 丁桥一号港河道清淤

2018年，江干区清水排涝智慧管理系统建成，对所有河道实施数字化管理，沿河安装河道监控、闸站控制、在线水位等智慧感知，并全面发挥城市大脑——防汛排涝信息化系统的应用，把河湖数据、河长档案、巡河信息、管理制度进行智能化管理。加快打造清水排涝智慧信息系统，并在环丁水系区域建立36个河道沿岸监控点以及8个在线水位监测点，实时掌握配水闸泵站设施运行情况、河道水位流量及市政排水管网分布、标高、运行等情况，及时检测河道水质动态，全面提高了应急处置能力。实现了"实时掌控河道排水管网、闸泵站运行情况、远程智能控制闸泵站"的智慧化管理目标，打造了丁兰治水的智慧"大脑"。江干区清水排涝智慧信息系统如图5-23所示。

根据省、市河道管理标准化试点要求，环丁水系管养坚持美丽河道"五化两好"地方治水标准，重点在"洁化、序化、绿化、文化、亮化"上推进：一是强化河道保洁养护，实行专业保洁和维护，实施河道市场化养护，每天保洁时间不小于12h；二是落实排水管网的长效管养，强化排水口动态巡查和监管，杜绝污水入河；三是加大河道日常检查力度，严格考核养护单位作业落实情况；四是加强河道管理专业指导，组织河道监管的专业培训。环保部门加强水质科学监测，监测不少于3个断面，每个月监测2次，遇高温

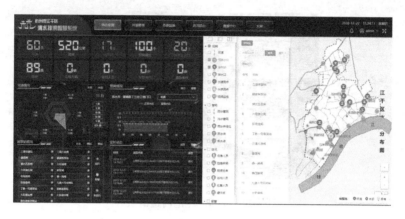

图 5-23　江干区清水排涝智慧信息系统

和水质突变期间增加监测频次，及时掌握水质动态。同步建立清水排涝智慧信息系统，配备远程智能控制闸泵站 1 处，新增液位仪 4 处和河道视频监控 60 余处，河道水质年平均稳定保持在地表Ⅳ类水质标准，河道水环境优良，成为丁桥大型居住区范围内的"城市绿肺"。

在环丁水系河道高效管护的进一步推动下，河道设施完整安全，沿河护岸稳定无损坏，管理用房、闸站等无损坏，运行良好。日常巡查—养护—管理机制良好，严格按照规范标准要求建立落实

图 5-24　长效管理后的丁桥一号港现状

河长巡查、专项检查、日常巡查制度，巡查记录、台账齐全。经长效管理后的丁桥一号港现状如图 5-24 所示。

此外，丁群街生态截污（海绵城市）工程，不仅打造了河道的绿色生态景观，还实现了水资源的自然积存、自然渗透、自然净化。丁群街生态截污示意图如图 5-25

所示。工程采用砂基透水产品收集雨水，即将人行道、非机动车道及园路改造为"混凝土、沥青、人行道砖"三层透水铺装，同时沿园路设置植草沟、雨水花园等海绵城市设施，这样一来，道路不易被灰尘堵塞，透水时效长且透水快，而且路面干净又防滑，下雨也不容易湿鞋，下雪不会结冰。

图 5-25　丁群街生态截污示意图

雨水经过微孔过滤净化，过滤水体中的污物、杂质，可降低城市热岛效应，有效减少径流污染，减少废水排放量，雨水净化效果明显。工程每天生态截污量 $80m^3$、河水净化回用 $120m^3$。同时，蓄水池内设超声波液位仪，当蓄水池内有效水深低于 1.5m 时，河道补水电动阀门打开，有效水深达到 2.0m 时，补水电动阀门关闭，总计水回用为每天 $200m^3$，年利用雨水（河水）可节约水费约 12 万元。

5.3.4　杭州市城市河道运行管理设施评估小结

杭州水资源总量丰富，约 145.22 亿 m^3，但人均水资源拥有量却较少，仅约 $2294m^3$，年降水量低于全省平均水平，是个季节性缺水的城市，因此河道的运行管理设施的价值便体现了出来，闸门泵站设施能够对河道进行调配水量，保证杭州在缺水季节不至于无水可用，管理用房及养护基地、垃圾房、公共厕所等设施对城市河道水质的影响很大，管理人员能够实时监督城市河道水质并进行实时反馈。

河道两岸垃圾桶选用时，主要考虑以下设计要点：

1. 体现人性化特征

垃圾桶设计应从人机工程学角度考虑，体现以人为本的思想，设计时在考虑外形的同时还应考虑到实用性。

2. 与景观环境相协调

在不同河道段分别采用以木材为主，具有自然风格的垃圾桶，和以金属、石材为主，造型现代感强的垃圾桶，在公园、滨水景观等空间设计亲人性强的垃圾桶，并与所在场所形成有效统一。

3. 功能更为多样化

与其他设施组合设计，如可与座椅、路灯等组合形成景观设施组，从而节省面积，提高景观空间的使用率。

4. 其他设计要点

其他运行管理设施也要注意符合设施的设计要点。

5.4　杭州市城市河道创新设施评估

创新设施主要包括垂钓、游艇、皮划艇等。为塑造水乡文化的灵魂，在河道长效管理过程中充分发挥河道的纽带作用，杭州市城市水设施和河道保护管理中心对于每条河道进行水旅游定位，主要市区河道资源特色、功能定位与市场定位见表5-5。

主要市区河道资源特色、功能定位与市场定位　　表5-5

河流名称	资源特色	功能定位与市场定位
上塘河	三段特色明显，都市文化、文化休闲、郊野风光段各具韵味	杭州市民及江浙沪周边市民的日常休闲、周末休闲场所，郊野生活体验场所
和睦港	城东的边界，北段开发整治少，可塑性强	城市森林，真正的生态系统；杭州市民的森林知识教育、娱乐场所
余杭塘河	漕运文化的重要展示场所	借力大运河，国内外游客的漕运文化体验场所

河流名称	资源特色	功能定位与市场定位
三墩港	活着的"新农村"河流	余杭塘河环线的重要通道
蓬架桥港	原生态自然化的景观； 余杭塘河外环线的重要通道	自然化河道景观体验廊道； 杭州市民
族滨洋港	浙江大学校园文化	青少年及其引至的家庭旅游团体
西塘河	各段风光差异大，小河段古建筑遗存丰富，发展潜力大	余杭塘河环线、西塘河选线的重要通道；杭州市民的水游憩河道
沿山河	沿山河环线的核心； 连接西溪与大运河	通道（"肆意泛舟"环线、西溪、运河），当地社区居民，来杭旅游者
中河、东河	典型的城市社区河流	具有浓郁市井文化气息的周边社区居民的休闲游憩场所
浣纱河	古老的城内河流； 已干涸	河流变迁史的记忆
古新河	西湖、运河的通道； 市政建设的典范	两大国际级旅游产品的水上通道； 国内外旅游者
官河（城河）	历史沉淀深厚； 单边郁闭静渡	南门江环线的序曲； 市民的历史文化体验区段
南门江	城市里的绿廊、郊野风光； 浓郁	江南市民的周末休闲场所、郊野生活体验场所
白马湖	水域宽广、体量稀缺、野趣盎然，具有灵动气质	杭州乃至长三角市民度假休闲场所，最受青少年欢迎的水上动漫主题型体验乐园
北塘河	跨区域、江南的塞纳河； 活着的水上货运博物馆	联动钱塘江水旅游市场； 杭州市民，江南市民为主

5.4.1 杭州市城市河道长效管理后创新设施状况

杭州市城市河道保护管理中心召开的2018年度工作会议上公布了杭州2017年的治水成绩单。其中，全年共清淤"33条（段）、50.9km、51.4万 m³"，超额完成市政府为民办实事目标任务。还有177条劣 V 类河道，提前两个月通过验收；50条城市河道主要水质指标提升一个类别，创建了10条生态示范河道。

2018年，杭州打算完成河道清淤30条（段）、45km、30万m³，提升50条城市河道水质。

城市河道长效管理前，城市河道水质不好，河道本身生态系统十分脆弱，从改善水质的角度出发，杭州的城市河道是禁止垂钓的，不过近几年通过治理，杭州的河道水质提升明显，硬件设施日趋完善，向市民百姓开放垂钓区的条件已逐步成熟。

2016年初拱墅区城管局在古新河（万物桥—左家桥）东侧河岸设置了垂钓区。这是杭州城市河道第一个垂钓试点。整个垂钓区长约200m，共有30多个钓位，设置有四道防坠铁链、救生圈、救生浮梯等设施，保证垂钓安全。这个垂钓点自对外开放以来，吸引了众多垂钓爱好者（图5-26）。

图5-26 拱墅区古新河（万物桥—左家桥）东侧河岸垂钓区

随后，杭州又陆续在勤丰港、大农港、高沙渠、2号渠、6号渠等河道进行了垂钓试点。到现在，杭州已经开通垂钓功能的城市河道，包括古新河在内一共10条，共设置了57个垂钓点和3个亲水平台。而这样的可垂钓河道，杭州截至2018年已增至50条。据杭州市城市水设施和河道保护管理中心介绍，开放垂钓功能的河道要具备三个条件：一是水质在Ⅳ类以上；二是河道的水生态系统相对完善和稳定；三是有相对安全的配套设施，如亲水平台、安全警示牌等。

不久前，由杭州市城管委、浙江大学体育运动委员会、西湖区人民政府联合主办的"杭州市与浙江大学共建城市河道生态文明系列活动开幕式暨未来城市河道发展理念及水上运动标准制定研讨会"在余杭塘河畔启幕。这是国内首个由政府和高校联合打造的关注生态文明建设的公益活动，开辟了城市河道发展与体育运动跨界合作的全新思路。

该系列活动将以水上运动作为城市河道"共建、共治、共享"的重要载体，不断增进民生福祉。通过系列活动，培育出具有独特韵味的城市河道生态文化，以城市河道水上运动全民参与模式迎接杭州亚运会召开，同时建成浙江大学与杭州市全面战略合作的落地项目新窗口，打造校地合作创新样板。余杭塘河上的水上表演如图5-27所示。

图 5-27　余杭塘河上的水上表演

5.4.2　杭州市城市河道创新设施评估示例

杭州以"水"为载体，通过西湖、大运河、钱塘江、西溪湿地、湘湖等为依托，可实现"五水联游"，目标是把杭州建成对国际市场，尤其是欧美市场具有强烈吸引力的大运河国家旅游产品，建成中国现代水旅游集聚区、休闲度假的示范区，成为名副其实的"东方文化体验胜地、江南诗意休闲走廊"。

古新河连接着西湖和运河，发挥着水域纽带的作用，为解决西湖与运河的水位差，使西湖与运河水域进行有效沟通，对古新河按照如下方案进行了整治提升。

1. 方案的设计原则

（1）"动下不动上"，即可以下挖河道，保持现状大部分桥梁梁底标高不变。

（2）古新河考虑景观要求，水深平均为1.5m。

（3）根据现状河道情况及既有的船型资料，要求河道宽度最小为15m，桥梁跨径最小为10m。

2. 工程内容

（1）古新河下穿白沙路，并结合圣塘景区（新湖滨景区之一）水体建一座船闸，用以调节水位与西湖连通。船闸最高水位7.18m，最低水位2.1m。

（2）根据现状桥梁梁底标高，为满足"动下不动上"的原则，本方案古新河的最高水位为2.1m，水深1.5m，则从白沙路桥—潮王路桥段设计河底标高0.6m，河底坡度为0，下挖1.40～0.55m，长约3.1km，潮王路桥下游现状河底标高不变。

（3）沿线14座桥梁中有2座桥需改造，桃花港桥则根据船型方案是否需加大转弯半径而决定是否需改建。

（4）过河管线：随桥过河的管线有自来水管、热力管、燃气管、电力管、通信管。自来水管要求倒虹过河，热力管、燃气管及电力管通信管等外露在外的如不满足净空要求，需重建并应加以装饰，沿线共有8处。另自行过河的有7处亦需处理。在浙江省人大会堂双桥的中间，有东西向人防通道从古新河底穿过，其顶标高高于设计河床标高，需处理。

（5）河道下挖后，现状驳坎底标高高于设计河底标高者均需加固或重建，长约3.1km×2km，驳坎坎顶打掉1.50km左右，河道重建方案需根据景观要求进行设计。

古新河规划断面示意图如图5-28所示。

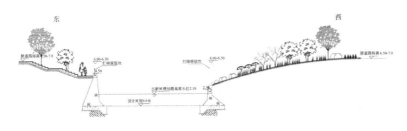

图 5-28 古新河规划断面示意图

（6）新建换乘码头及游船码头各一座：由于新河坝改建成4扇
4m×1.8m的钢闸门，游船无法通过，故新建的换乘码头需设在新河
坝上游，并在左家桥闸与黑桥（拱桥）下游新建游船码头一座，为
古新河出口与运河连通用。如建船闸，则要拆除在建的新河坝。闸
室运行水位根据运河水位确定。

（7）拆除左家桥闸并加宽河道至15m。

（8）雨水排出口：由于古新河水位降低至2.1m。因此沿线约有
60座雨水排出口需要重建或装饰。排出口外的第一只检查井及管道
需改建。排出口处河底需铺砌。

（9）绿地：驳坎及雨水排出口重建，部分绿化会受到破坏，另
结合景观，需要赋予绿化新的理念。

（10）同时实施沿线雨污分流工程及人文景观。将明珠西湖与
千年运河以古新河为玉带相连，对于有效整合钱塘江、西湖、运河
水资源，改善城区水环境，提高城市品位，造就"河清、水活、岸
绿、景美"的人间新天堂等有着十分重要的作用和意义。

5.5 杭州市城市河道其他设施评估

5.5.1 标志标牌

为充分体现河道两岸生态廊道休闲游憩的作用，结合河道两岸
的生态廊道建设，设置了各类标志标识，包括引导性标识、方位性标
识、说明性标识、管理性标识、装饰性标识等，具体包括通信/导游
牌、路标、宣传牌、宣传廊等。河道两岸的指示标识主要按照导向

性、显著性和多样性进行了设置。

（1）导向性：指示标识具有清晰、明确的图形指示。指示标识是视觉传达系统的一个组成部分，其造型灵活、变化多样，并与整个景观的视觉传达系统相统一。

（2）显著性：显著是标识的一个重要特点，绝大多数标识的设置需要引起人们的注意，因而色彩需强烈醒目，图形简练清晰。

（3）多样性：指示标识形式多样，有平面、立体、抽象、具象等多种形式。

另外，指示标识主要从以下几方面进行了设计：

（1）选择合理的场所。指示标识应放置在游人停留较多之处，如广场的出入口、大广场、道路交叉口、建筑物前、亭廊附近以及休憩用的凳、椅旁等。此外，还可与挡土墙、围墙相结合，或与花坛、花台相结合。

（2）与景观环境统一。指示标识的设计要考虑景观设计的风格理念，分析景观中自然环境与人文建筑对指示标识的影响，在统一的设计风格中寻求变化。指示标识设计应以功能性为主，使之成为整体环境景观的有机组成部分及整体设计理念的延续。

（3）注重实用性。指示标识具有引导作用，设计考虑其功能清晰，并具有实际操作性。具体表现为产品安装的可操作性、力学结构的合理性、材料工艺的可实现性、成本核算的实际性等。

（4）注重人性化。具体尺寸应符合人体工程学特征，满足人们使用、查找、观看的舒适与方便。如一般人的视线高度为1.4 ~ 1.5m，故指示标识的主要浏览面置于人们视线高度的范围内，上下边线宜在1.2 ~ 2.2m之间，可满足一般人平视阅读的需求。

5.5.2 护栏

河道护栏是指建在河流边上的防护栏，它是重要的道路交通基础设施。河道护栏大多数分为景观性护栏和防撞性护栏，其目的是保障行人的安全，防止坠落。但是，随着社会的进步和发展，以及人们审美水平的提高，现在河道护栏不仅要具有安全性，还要体现一种美观性。各式护栏设计如图5-29所示。

河道护栏的使用价值通常可以表现为以下几点：

（1）建设河道护栏可以做到安全性与实用性兼顾。护栏的作用不仅是保护河道边上的行人和车辆的安全，防止行人或车辆掉入河道中，同时还可以保护河道水文环境，防止人为倾倒垃圾，污染水源。据调查，每年都有大量的垃圾倒入水中，对水源造成了极大的危害，很多水源受到了污染。所以建造安全的河道护栏，保护水源是非常重要的。

（2）建设河道护栏可以做到形式美的体现。具有美观性的河道护栏，其本身就可以成为引人入胜的艺术品，可以让河流更加有灵性，让城市显得更加有人文气息。

（3）河道护栏应同时具有强度高、安装方便、抗老化、耐冲击、耐腐蚀等特点，在后期维护方面也比较省钱、省时、省事。

图 5-29　各式护栏设计

5.5.3　救生设施

河道不仅有排涝防洪的作用，随着社会的发展，河道的观赏和生态功能越来越明显。当然，与水相伴的还有安全隐患，如有人跌入河中，旁人的及时施救往往可以救人性命，但河道周边急救设施缺失，不仅会耽误救人速度，更会给施救者带来危害。为河道配备上救生设施，无疑会给生命安全增添一份保障。

杭州市区河道驳岸普遍高且直，游人一旦落水，无法通过自身力量攀爬上岸，岸上人员也无法安全下水实施营救。只有对河道安全进行综合治理和管理，将市区河道救生设施配置到位，杭州水系的资源、环境、生态功能才能得到更好的发挥。

救生设施配置应按节点来分布，每个节点基本上设置在人员密集、人流量大、亲水活动多、事故频发的地段，这样更方便岸上人员能及时发现落水者并实施营救。河岸边配置的救生设施应有：救生圈、救生绳和救生抓手。由河岸沿线社区保管，放置在救生箱内的救生设施应有：救生软梯、救生杆、救生衣、手电筒、吸痰器和救生哨等（图5-30）。

图 5-30   河道救生设施

整个河道救生设施设置工作在保障市民亲水活动安全的同时，还应针对不同河道、同一河道的不同河段进行分类设计，并兼顾生态要求、景观要求，充分利用场地现状条件，合理使用人力、物力，以避免浪费。

杭州市对城市河道设置救生设施，体现了杭州在考虑"水质量、水景观、水旅游"的同时，重点保证"水安全"的决心。

5.5.4　监控监测

对城市河道进行监控监测，能够及时有效地对水位进行测量，平原河网地区面积大、范围广，特别在洪涝期间，我们需要及时掌握涝区的中心水位，与相邻地区的水位进行比较，从而发现问题、解决问题。对于有地面沉降问题的地区，在测量水位和雨量时，我们要分析水位的变化情况，调整水尺。

杭州市河道共3233条约1.47万km，其中建立"河长制"的河道共1824条，市级以上河道22条，共设立河长公示牌2000余个。

为实现对杭州市河道水环境质量状况的监测和预警，提升水质监测数据获取的"准确性、时效性"和环境质量综合分析能力，从而为跨行政区域河流水质管理和考核办法的顺利实施提供技术保障。建立涵盖全市主要水系、河流跨行政区域水质监测监控断面，同时建立配套的质量保证系统、数据传输系统、管理控制系统、综合查询分析系统，基本形成月度常规监测为主、应急监测为辅的河流水质监测体系。

5.5.5 座椅

座椅是景观建筑小品中的重要组成部分，供游人休憩和观景，一般设置在人流较多、景色优美之处，如河道旁的树荫和花架下。目前河道周边座椅的设置应与周围环境相结合，使其在园林景观中起到与环境协调、和谐共生的作用以及点缀、装饰景观环境的作用，座椅的设置应满足人流量、园林景观需要，与气候和季节相呼应等因素，座椅的材质、功能越发多样化、灵活化。

河道两岸的座椅有的为与环境相适应，设置成了雕塑般的外观，与周围景观融为一体，起到丰富景观层次的作用；有的设置为简洁大方的抽象风格；有的设置为精雕细琢的写实风格。为打造具有杭州特色的河道景观，在城区河道不同河段，设置了采用传统中式风格座椅和采用欧式古典风格座椅，为特色主题文化河道建设提供助力。各式的座椅如图5-31所示。

5.5.6 垃圾桶

垃圾桶是人们生活中"藏污纳垢"的容器，也是河道景观设计中必备的公共设施，与人们的生活休戚相关。垃圾桶设计是细节设计，是社会文化的一种折射，直接反映了杭州城市的整体面貌和人民的生活水平。河道两岸垃圾桶的设计应更加注重绿色环保和功能上的多样化。

图 5-31   各式的座椅

　　河道两岸垃圾桶根据不同方式主要分为两类：根据安装方式可分为坐地式垃圾桶和吊挂式垃圾桶；根据开启方式可分为敞口式、揭盖式等。为实现与国际化接轨，还拟采用踩踏开盖式、感应（红外线）式等。各式的垃圾桶如图 5-32 所示。

图 5-32   各式的垃圾桶

河道两岸垃圾桶主要具备以下特点：

（1）材质丰富。根据景观环境的风格及使用要求，垃圾桶的材质主要有木材、石材、金属、不锈钢、塑料、陶瓷、水泥、玻璃钢等。其中，不锈钢因其坚固耐用、易清洁、耐腐蚀、防晒性能强等优点，成为景观环境中最常使用的垃圾桶材质。

（2）色彩多样。以往的垃圾桶色彩多以木本色、灰色、深蓝色为主，随着现代景观设计和公共设施多样化，垃圾桶色彩也更为多样化，大红、明黄、草绿、宝石蓝等，颜色广泛应用的同时也活跃了景观空间。

5.6　杭州市城市河道设施评估结论和意见

5.6.1　现有河道设施评估结论

河道治理最大困难：源头污水截不尽（雨天溢流、突发水污染事件等）、河道淤积（市中心清淤难度大，施工影响水环境、破坏生态）等易造成河道水质问题反复。不过目前杭州市已经开始开展常态化清淤、生态清淤等方面的研究，尽可能减少对水环境和水生态的破坏。

与此同时，我们要坚持全民参与，做到创建全民共享。以市民满意度作为衡量城市河道管理水平的重要标准和归宿点，落实"四问四权"，充分激发社会参与活力，以实现"共建、共管、共享"的最终目标；进一步壮大义务监督员队伍，充分发挥民间河长作用，依托"两代表一委员""贴心城管志愿者""河小二"等爱河护河团体，凝聚社会各界力量，拓宽群众参与渠道，丰富公众监管载体；开展城市河道垂钓比赛、绿化认建认养、河道美景摄影、爱河护河巡查体验等公益活动，逐步建成城市河道垂钓区、行业文化长廊、生态特色廊道等亲水区域，向社会大众提供更多优质服务；挖掘、展示城市河道文化，打造城市河道管理精品，广泛宣传城市河道治理成效，让城市河道优美的水环境惠及更多市民百姓。

要坚持典型引路，实现创建试点的全面成功。丁兰综合治水示范区作为杭州城市河道治水亮点在全国、全省推广，并在2017年3月住建部全国黑臭水体整治推进会和2017年6月"钱塘论潮——人类与河流"国际论坛作为现场唯一的治水考察点，吸引多国治水专业人士前往考察，得到广泛认可。2018年1月，杭州市"美丽河道——丁兰综合治水示范"标准化试点项目通过验收。

5.6.2 河道设施维护建议

（1）立标立规。开展宣贯培训，进行管理服务标准的具体实践，建立了一系列管理制度标准体系。形成美丽河道"五化两好"治理标准，包括"洁化、序化、绿化、亮化、文化"以及配套设施等方面的标准。

（2）系统治理。创新采用"设计—施工—养护"一体化治理模式，整合"生态治理、配水泵站建设、河道清淤、入河污染控制、智慧指挥系统建设、河岸水环境综合利用"等六大治理手段，致力打造小流域治水、智慧治水管水、生态系统修复、水岸休闲、社会参与"五位一体"的治水综合示范区。

（3）智慧建设。打造清水排涝智慧信息系统，实现"实时掌控河道、排水管网、闸泵站运行情况，远程智能控制闸泵站"的目标。建设河道沿岸监控、在线水位监测点。布设水位监测点，加快水质监测频次，实行有效的预警机制，及时掌握河道水质动态。

（4）长效落实，长效监管。一是形成"市—区—街—社"四级监管的网格化管理。二是增设城管执法长，形成"公安、城管、环保"三方联动执法模式。

（5）全民共建。在"5+2"（"5"指区级河长、街道河长、社区河长、民间河长、河道警长，"2"指河道观察员和河道保洁员）特色河长制的基础上不断探索，向"5+X"（"X"指全民参与）河长制全面转型。建立由属地街道、社区、河长、民情监督员、市政养护单位等相关的"五方"共同参与的清淤验收机制。广泛邀请热心市民开展各类活动，听取大家的意见与建议。

5.6.3　改进更新现有设施建议

提高设施等管养标准，做到创建有质量。以设施完好、景观优美、环境整洁为基础，逐步提高城市河道设施、景观和环境管养标准，打造集休闲健身、文化展示、科普教育、旅游服务为一体的综合性、品质型城市河道环境。

（1）逐步更新设置具有海绵城市功能的生态型慢行系统，改造满足市民百姓休闲健身需要的特色游步道。

（2）按照季相分明、色彩丰富的配置要求，精心开展城市河道绿化种植养护，实现城市河道绿化有规模、有特色、有品质。

（3）加快特色管理用房提升改造试点，做到功能齐全、安全规范，宣传河道文化，彰显行业特色。

（4）配齐垃圾分类设施，规范行业垃圾分类处置，开展枯枝、落叶等资源化利用。

（5）探索设施提升改造的PPP模式，鼓励社会力量参与河岸设施提升改造，开展认建认养试点。

（6）城市河道危险区域统一设置警示线或警示牌，确保无安全事故。

6 杭州市城市河道运行管理后评估

6.1 杭州市城市河道管理体系评估

杭州市政府高度认识构建河道现代化管理体系的重要性。近年来，杭州市短历时、高强度局部暴雨造成的城市内涝时有发生，特大暴雨极易造成重大经济损失，也暴露出河道管理与建设中存在的突出问题，主要是河道治理长期投入不足，堤防工程体系薄弱，防洪标准不达标；非法设障及侵占河道问题严重，降低了河道行洪能力；有的河段河道管理不明，事权不清，队伍薄弱，监管不到位等。这些问题导致河道行洪防洪能力明显下降，洪水流势流态改变，直接威胁河道安全，成为杭州市防洪减灾体系的隐患。

杭州市政府已将河道现代管理体系建设列入对各级政府水利发展考核的一项重要内容。杭州市各有关部门要进一步强化水忧患、水危机意识，坚决克服麻痹松懈思想和侥幸心理，以对党和人民高度负责的精神，重视水利、关心水利、支持水利，紧紧抓住水利跨越式发展重要机遇，遵循人水和谐的科学发展规律，突出工作重点，采取有力措施，加快构建河道现代管理体系，为全市的经济社会发展提供防洪安全保障。

6.1.1 杭州市城市河道长效管理前管理体系状况

在城市河道长效管理之前，虽然城市河道管理有相关法律法规如《中华人民共和国水法》《中华人民共和国防洪法》《中华人民共和国水污染防治法》和相关标准规范的支撑，但是并没有形成体系，没法将法律法规和相关标准规范的作用发挥出来，对城市河道管理并没有太大的作用。

6.1.2 杭州市城市河道长效管理后管理体系状况

在实行城市河道长效管理后，杭州市人民政府按照相关法律的要求，在新的河道管理理念指导下，建立了以《杭州市城市河道建设和管理条例》为核心的杭州市市区城市河道管理法规政策体系，并不断完善发展，为市区城市河道长效管理提供法律政策依据，确保"有章理事"。

为实现标准化管理，自2009年以来，杭州市城市河道保护管理中心（以下简称中心）共梳理河道管理相关法律法规政策20余项，收集国内外相关行业标准270余项，依据实际情况补充编制行业及地方标准10余项，完善编制内部管理标准30余项。

虽然近年中心内部管理标准数量增长较快，但在标准数量、范围、规范性、协调性方面仍有较大的欠缺。由于中心各部门、各个环节之间的关系错综复杂，它们之间又存在内在联系，通过企业标准来约束彼此，可以使整个生产过程按照科学的规律进行。另外，企业标准是制定国家标准、行业标准的依据，因为大量的资料来源于基层，国家标准、行业标准都是以此为基础制定。

中心内部建立的管理标准虽已达30多项，但仍有较大标准空白区，如河岸建设设计相关标准、管养人员培训管理相关标准等。

此外，目前中心针对各项法律法规实施效果尚未建立明确的法律法规评估体系。由于各种技术上的原因，如评估内容抽象、评估数据较难获取等，都加剧了该项工作的执行难度。

6.1.3 三条河道日常河道保洁和绿化养护工作

2018年杭州西湖区市政工程有限公司，对管辖的三条河道——备塘河、南黄港和九沙河进行了日常河道保洁和绿化养护工作，及时整理并汇报出现的突发情况（沿岸施工方面、水质及问题排水口方面和垂钓违章方面）与问题。

2018年杭州西湖区市政工程有限公司1月份备塘河养护工作小

结如下：

1月份，公司绿化班组对备塘河约500棵树木进行修剪，化学除草约300m²，补种约2000m²，绿地施肥量约300kg，防治病虫害累计用药约5kg，累计清运绿化垃圾约40t。

突发事件：

1. 沿岸施工方面

（1）1月下城区文晖街道东新路地铁5号线施工：1月下城区文晖街道东新路与绍兴路交叉口打铁关桥南侧地铁5号线施工继续进行。打铁关桥西南侧沿岸施工搭建的改河钢板围堰及二桥港附近搭建的钢便桥未拆除，同时受施工搭建的钢板围堰影响目前船只仍然无法通行至二桥港。

（2）江干区农科院社区农科院施工：1月受之前农科院社区钱家河交汇处全福桥处农科院施工导致古桥全福桥损毁坍塌后拆除不彻底影响，拆除全福桥后原桥处河道存有碎石，目前机动船与手划船均无法正常通行，不影响河道上下游配水。

2. 水质及问题排水口方面

1月受上塘河流入的水质影响，每逢降雨时段备塘河下城区头桥港光辉岁月小区到焦家桥段及打铁关桥北侧东新路段河面水质整体相对其他段较为浑浊。日常晴天水质感官正常。

同时，每逢降雨时段及阴天，受麦庙港流入的水质影响，备塘河与麦庙港交汇处百田巷路水湾桥到石桥路东侧德胜高架段水质整体相对其他段浑浊程度较为严重，感官明显较差。公司已报江干区河道监管中心，对方回复麦庙港上游运河处配水本就浑浊。

（1）百田巷路水湾桥西北角BT-06排水口：1月江干区停车场对面BT-06排水口经下城区市政管理局方面安排相关人员检查处理后，此排水口近期未发现异常排放情况，后期会继续观察。

（2）石桥路西侧北岸BT-07排水口：1月老农都附近BT-07排水口已连续多次发现排放泛黄浑浊泥浆水，感官明显。公司已多次上报下城区文晖街道，街道回复已联系督促执法进行处理。截至

2018年1月该排水口仍旧连续进行小范围排放泥浆水，但未扩散。

（3）石桥路东侧南岸BT-08排水口：1月石桥路东侧金色时光工地旁BT-08排水口已多次发现连续排放泛黄浑浊泥浆水到备塘河，排放时段多集中在阴雨天，公司已上报江干区河道监管中心及笕桥街道，截至目前该排放口仍旧在排放泥浆水。

3．垂钓及违章方面

（1）违章洗涤：2018年1月8日下午巡查发现备塘河丁兰街道丁兰路与大农港路交叉口西南侧西岸岸边一居民违章在河边洗涤，现场发现后对其进行了及时劝阻，该居民经劝阻后离开。

（2）违章走线：2018年1月8日上午巡查发现备塘河丁兰街道明珠街与丁兰路交叉口管理房对面岸上拆迁处有一电线乱搭并坠入河道，现场发现后安排养护人员重新将电线走线并固定在岸上合理区域。

2018年备塘河、南黄港和九沙河河道养护详情见附录A。

2018年1月备塘河绿化养护情况，包括绿地病虫害防治、绿地苗木施肥、绿地乔木、花灌木及灌木修剪、绿地园林废弃物处置、绿地苗木调整和绿地抗雪防冻等工作情况详情见附录B。

6.1.4　杭州市城市河道管理体系评估小结

目前，以美国、加拿大和欧盟为代表的发达国家和地区，立法机关依据专门的规范性文件，如《A-4号监管指引》《影响评估指引》等，都密切关注法律法规对社会、经济和环境产生的影响，从这三个方面出发设计了有效的评估指标体系，并借助数学、计量学、统计学、计算机科学等学科知识，在实践中开发出许多预测模型，包括大量的经济、社会和环境变量，具体评估法律法规影响。这些技术和方法都保证了法律制定的科学性和实施的有效性。可以说，完善的评估指标对于提高立法质量发挥着极为重要的作用。

建立一套科学有效的具体影响评估指标体系，能够使得评估更具针对性和可操作性，更为科学和准确。通过评估、测度法律对社会、经济、环境等各方面的影响，可以为法律改进提供可靠的参照。因此，构建科学的评估指标体系成为提升法律法规评估质量与水平的关键内容。

6.2 杭州市城市河道实施监管评估

6.2.1 杭州市城市河道长效管理前实施监管状况

长效管理前河道缺乏全面的规划，同一条河流经常是由流经地区的不同区河道管理机构进行分段管理，各管理机构各自为政，缺乏对整条河流的统一认识和全面规划。存在如下问题：

（1）河道破坏严重，结构趋于简单化。如在杭州市河网密度高的地区，"裁弯取直"设计理念把河流自然状态的弯曲形状改变成直线，使得自然河流中主流、浅滩和急流相间的格局改变，表现为河道单一化、河网主干化。

（2）河道功能单一化。过去几十年片面强调河流的防洪排涝等功能，使得河流系统演化为单调的泄洪道和排污沟，原有的经济、生态、社会、文化功能丧失或得不到充分发挥。

（3）水体污染严重，河湖生态系统失衡。随着城市经济的不断发展，水污染成为城市河道面临的最大问题。废水、污水排放量与日俱增；此外，治污规划相对滞后，废水、污水收集处理系统不够健全，导致雨污混流十分严重，河道富营养化程度增加，水生植物茂密，水环境严重恶化。

（4）河流开发不合理，河岸带环境退化。河流的自然流动状态及其所带来的适度洪水冲刷对河岸带生态意义重大，然而人们在解决河流水文特征改变时往往忽略了河流的自然属性，以防洪为名，进行人工化的整治和景观建设，城市化建设造成河岸带地区地表硬化，使得河岸带土壤湿度减少、地下水位降低、生物多样性降低，造成河岸带生态系统退化。

6.2.2 杭州市城市河道长效管理后实施监管状况

（1）加强了水资源保护，落实了最严格水资源管理制度，严守水资源开发利用控制、用水效率控制、水功能区限制纳污三条红线。开展水资源消耗总量和强度双控行动，实施规划水资源论证制度，建立健全水资源承载能力评价和监测预警机制。严格水功能区管理监督，根据水功能区划确定的河流水域纳污容量和限制排污总量，落实污染物达到排放的要求。全面实行计划用水管理，推进重点用水户水平衡测试，严格实行水资源有偿使用。

（2）实行河湖清单化管理。至2017年底，完成了全市江河湖泊等级划分，依法制定并公布河湖名录。优化入河湖排污口布局，加强入河湖排污口设置的审查管理；切实加强入河湖排水口的监管，深入开展入河湖排水口整治。到2017年底，基本完成入河湖排水口合法性认定，建立排水口动态管理档案，完善入河湖排水口标识工作。

（3）加强河湖水域岸线管理保护，严格水域岸线等水生态空间管控。依法划定河湖管理范围，并提出到2020年，完成全市县级以上河道管理范围划界工作以及水利工程管理保护范围划定工作。依法依规逐步确定河道管理范围内的土地使用权属，推进建立范围明确、权属清晰、责任落实的河湖管理和水利工程管理保护责任体系，恢复河湖水域岸线生态功能。

（4）优化岸线码头布局。调整全市建筑垃圾、渣土泥浆码头和其他岸线码头布局，推进船舶污水、垃圾上岸专项工作，维护健康良好的港口秩序。

（5）加强水环境治理，落实了河湖水功能区质量目标管理。强化水环境质量目标管理，按照水功能区、水环境功能区确定各类水体水质保护目标，并逐一排查达标情况。完善饮用水水源规范化建设，切实保障饮用水水源安全，实施供水水源地水质、出水水质、终端水质的供水链水质公布制度。

（6）加大河湖管理保护监管力度，完善了市级巡查和区、县（市）级负责的监督执法机制。建立健全了部门联合巡查、联合执法机制，强化执法信息通报。完善行政执法与刑事司法衔接机制，加大对水环境或水资源犯罪行为的打击力度。落实河道管理有关法律法规的规定，完善河湖长效管理机制，实行河湖动态监管。

根据"分级管理、属地负责"的原则，按照河道湖泊等级划分，健全完善了分级分段的市—区、县（市）—乡镇（街道）—村（社区）四级河长体系，其中以乡镇（街道）级河长为河长制责任主体。健全完善了小微水体责任制体系，以村（社区）主要负责人为小微水体责任主体。

由市委、市政府主要领导担任全市总河长，市人大常委会和市政协主要领导担任全市副总河长。市委、市人大常委会、市政府、市政协有关领导担任省级河道（杭州段）、市级河道的河长。

各区县（市）、乡镇（街道）党政主要负责人担任本辖区的总河长。各区县（市）、乡镇（街道）、村（社区）级河长由同级党委（党支部）和相应的人大、政府、政协、村（居）委会负责人担任。对存在劣 V 类水质断面的河道，所在区、县（市）党政主要负责人要亲自担任河长。河长人事变动的，应在7个工作日内完成新老河长的工作交接。

区、县（市）级及以上河长要明确相应联系部门，协助河长负责日常工作。完善河道保洁员配备，建立健全河道巡查员、网格员体系。

市河长制办公室与市"五水共治"领导小组办公室合署办公，由市委组织部、市委宣传部、市委统战部、市农办、市考评办、市文明办、市林水局、市城管委、市环保局、市发改委、市经信委、市旅委、市建委、市教育局、市财政局、市审计局、市交通运输局、市农业局、市园文局、市市场监管局、市国土资源局、市运河综保委、市卫生计生委、市爱卫办、市公安局、市科委、市总工会、团市委、市妇联等相关单位为成员单位。市河长制办公室对杭州市总河长负责，统筹协调和督查考核全市河长制落实情况；制定河长制相关制度和考核办法，监督各地各部门任务的落实；具体组织开展对区、县（市）和市各有关部门河长制考核工作。各区、县（市）要参照市河长制办公室架构，建立和完善属地河长制办公室。

乡镇（街道）可根据工作需要设立河长制办公室或落实人员负责河长制工作。

各级河长制办公室要加强指导、协调、督查、考核，健全相关制度和台账，统一设立监督举报电话，明确各类管理、考核和督查督办要求，组织开展河长培训。各市级河长联系部门要协助市级河长履行对口河道整治的指导、沟通、协调和监督职能，开展日常巡查，发现问题后及时报告河长，协同推进河长制的实施。

明确河长职责，各级总河长是本行政区域内河湖管理保护的第一责任人，负责辖区内河长制的组织领导、决策部署和考核监督，解决河长制实施过程中发现的重大问题。各级副总河长要协助总河长协调推进河长制的落实。

各级河长是相应河湖管理保护的直接责任人，要切实履行"管、治、保"三位一体的职责；同时，也是责任河湖消灭劣Ⅴ类水质第一责任人，要领衔制定工作方案、排出治理项目，并负责指导、督促、跟踪和落实。其中，区、县（市）级及以上河长的主要职责是牵头制定"一河一策"治理方案，协调解决河湖治理和保护中的重大问题，明晰本辖区内跨行政区域河湖的管理责任，对上下游、左右岸、干支流实行联防联控，对同级相关单位和下一级河长履职情况进行督导，对目标任务完成情况进行考核，强化激励和问责机制。乡镇（街道）、村（社区）级基层河长的主要职责是对责任河湖进行日常巡查管理保护，及时发现和解决问题，并协助上级河长开展工作。

6.2.3 近10年来杭州市城市河道长效管理实施监管过程和成效

（1）对于河道管理中的违法违章行为，安排专职巡查员定期巡查辖区内河道，通过及时巡查河道建设方及沿河社区居民违章侵占河道搭建房屋，以及对城市建设施工方在河道内架设污泥管排污等行为，一经发现，第一时间上报至市河道保护管理中心，联合执法部门进行联合执法，并在后期进行持续跟踪反馈。

（2）劝阻河道内捕鱼、电鱼及洗衣等行为。随着市区河道水质的改善，河道捕鱼、电鱼、游泳、洗衣等现象越来越多。为此杭州西湖区市政工程有限公司在加强日常巡查的基础上，及时上报有关部门，并联合执法部门进行联合执法，有效遏制此类现象的发生。

（3）通过生物防治等手段，多措并举，多管齐下，有效地改善了城市河道水质。在具备条件的部分河道采用人工浮岛、人工水草等多种生态治理措施，降解吸收水中的氮、磷，重塑了城市河道的生态系统。

（4）开展截污纳管以来，杭州西湖区市政工程有限公司积极配合市河道保护管理中心、属地街道等上级有关部门进行排污口排查、污水处理，努力落实日常巡查、动态监管、快速反应、责任追究等长效管理机制，巩固和扩大治水成果。

（5）为有效保证绿地的安全性和整体景观效果，杭州西湖区市政工程有限公司每年拿出10%的养护经费有序开展绿化提升和设施修缮等提升改造工作。主要工作包括：栽植紫薇、樱花、西府海棠、木槿等花灌木，麦冬、吉祥草等植被；修复破损廊架，对凉亭进行油漆翻新，增加绿地内座椅、分类垃圾桶等休闲设施等，使河岸绿化效果得到有效提升。

6.2.4　杭州市城市河道实施监管评估小结

为做好城市河道的监管工作，应做到如下三点：

（1）完善河长责任体系，深化河长制基础工作。完善河长公示牌动态更新管理机制，河长名单要在属地主要媒体上公告，接受社会监督，并报上级河长制办公室。健全完善湖泊河长制。

（2）完善河长奖惩制度。进一步完善和落实河长失职渎职责任追究制度，完善河长约谈、通报批评与自我批评制度。实行生态环境损害责任终身追究制，对造成生态环境损害的，严格按照《中共浙江省委办公厅、浙江省人民政府办公厅关于印发〈浙江省党政领导干部生态环境损害责任追究实施细则（试行）〉的通知》（浙委办发〔2016〕63号）规定追究责任。大力选树优秀基层河长、治水先锋，由各级组织、宣传等部门与河长办联合进行；由各级工会与河长办联合开展劳动竞赛,选树劳动模范、予以岗位立功、授予荣誉等。

(3)各级党委、政府要健全工作督查制度,对河长制实施情况和河长履职情况进行日常督查。建立市委、市政府督查室与市河长制办公室联合督查机制,定期开展联合督查。建立健全河湖管理保护情况通报制度,各级河长制办公室每季度至少开展1次工作进展情况通报。各级人大、政协要通过组织人大代表和政协委员视察、执法检查、民主监督、专题审议、专题协商等形式,积极支持、助推、监督河长制落实。各级河长制办公室要加强组织协调,完善问题督查和抄告制度,督促相关部门按照职责分工,落实责任,密切配合,协同联动,共同推进河长制落实。

6.3 杭州市城市河道技术创新评估

6.3.1 杭州市城市河道长效管理前技术创新状况

在城市河道长效管理前,城市河道管理基本没什么技术创新。

6.3.2 杭州市城市河道长效管理后技术创新状况

杭州市在河道长效管理过程中,创新了问题发现机制、问题处理机制、智慧监管机制、指导服务机制。

1. 问题发现机制创新

问题发现机制主要从以下五个方面进行了创新:

(1)重点督查发现问题。杭州市每月对已整治的黑臭河开展水质监测,根据结果向属地政府及河长发出"红、黄、橙"三色预警通报。建立预警督办跟踪机制,针对整改不力的,启动问责程序。

(2)交叉互查发现问题。全市组织上下游、左右岸地区开展两轮互查,创新建立"发现问题的,被检查方扣分;存在问题未发现的,被检查方扣分,检查方加倍扣分"的交叉互查考核机制。截至目前,已发动基层相互发现和有效解决问题40个。

(3)媒体监督发现问题。创新媒体深度督查,联合杭州文广集团FM89"杭州之声"推出"问河长"等系列节目,通过记者对136

名各级河长的明察暗访、名嘴主持人持续追问、线上万名听众新媒体互动，曝光问题河长30名，为全省河长制媒体监督提供了样本。全市设立"今日关注"等电视、报纸曝光栏目，通过正面引导和反面曝光，提升各级河长主动履职意识。

（4）公众监督发现问题。公众通过"杭州河道水质"APP、"两微一端"（微信、微博和客户端）等反映问题，河长在5个工作日内整改回复。全市公布各级治水监督举报电话，建立各类河长工作微信群、QQ群、微信公众号1100余个，解决投诉建议5800余件。

（5）一线巡查发现问题。全市现有市级河长34名、区县级河长367名、镇级河长1607名、村社级河长2281名，落实"市级每月不少于1次、区县级每半月不少于1次、镇街级每旬不少于1次、村社级每周不少于1次"的河长巡河制度。全市数万名党员结合"两学一做"开展护河义务巡查活动，同时5800多名保洁员兼职信息员、1418名民间河长、7512名志愿者定期巡河实时发现问题，第一时间联系河长解决。

2．问题处理机制创新

问题处理机制主要从以下五个方面进行了创新：

（1）落实快速交办处理。杭州市环保部门对微信群、QQ群交办的问题要求当天反馈，媒体反映交办的问题隔日反馈，公众留言交办的问题在5个工作日内反馈。

（2）推进最严格执法监管。落实"五个一律"和"一案双查"，2016年1—11月环保部立案查处环境违法案件1652件，做出行政处罚8119.2553万元，移送公安机关38件，已刑事拘留3人、行政拘留24人，实施查封扣押51件，实施限产停产4件。

（3）实施年度重点任务月度通报。督促各级河长掌握重点任务进展情况，及时协助推进完成进度。全市已经全面完成整治垃圾河73条、黑臭河277条，消除沿河排污口9100余个，实现全部集中式生活污水处理厂一级A排放，基本实现"西部四县全域可游泳、城区晴天污水零直排"。

（4）建立重点问题清单和销号制度。开展涉河问题全面排查，对20个方面的问题列入重点问题清单，实行完成逐一销号，目前正在积极推进解决。杭州市人民政府制定《杭州市五水共治"十三五"规划》《杭州市污水系统近期建设规划》《杭州市市政配套管网、泵站等设施建设三年行动计划》《杭州市清水入城工程三年行动计划》《杭州市主城区截污纳管工作及雨污分流工作三年行动计划》等，实现947个重点项目全部清单化管理。

（5）推动难点问题协调。由河长牵头协调，推动原因互查、工程同步、成效共享，解决了月牙河配水等20余个跨区域的难点问题。完成水环境应急人员网络、应急预案库、应急专家库、应急物资库的"一网三库"建设，提高河长协调问题的快速反应能力。

3. 智慧监管机制创新

采用智慧监管机制，大大提高了河道长效管理效率。

一路前行，杭州市创新开发了河长制信息管理平台及APP，积极构建集信息公开、公众互动、社会评价、河长办公、业务培训、工作交流等"六位一体"的水环境社会共治新模式。平台总浏览量达90多万人次，乡镇级河长全部注册使用，发布治水动态新闻1000余条。

（1）河长制信息阳光化。平台建立河长制电子公示牌，向社会全面公开全市1845条乡镇级以上河道的河长制信息，包括河道"一河一策"和年度治理计划等。在河道边竖立河长公示牌2267块、入河排水口标志牌46445块，并都建立名录纳入清单化管理。

（2）河道水质监测公开化。杭州市环保部门率先在全省实施对全市范围乡镇级河道水质的每月一次监测，并将监测数据全部向社会公开，已公布水质监测数据20余万条，全面接受社会监督。

（3）联系河长便捷化。全面公开乡镇级河长手机号码，公众可一键直拨河长，有效解决了实地寻找公示牌难、寻找河长难、记河长号码难等困扰。

（4）河长履职透明化。杭州市城管委出台《杭州市河长制信息化系统使用管理规定》，全市乡镇级河长实行网上签到、网传巡查日志记录、处理投诉建议等线上办公，执行情况纳入考核打分。

（5）社会监督精准化。实现河长履职信息公开、举报建议处理信息公开，并开放公众满意度评价。省、市、县各级监管部门、人大、政协、新闻媒体、公众等均可充分利用平台信息开展监督，并从数据中发现问题，由问题推进治理，推动了科学治水、区域联动治水。

4．指导服务机制创新

针对河长"全部兼职、身份多元"的特点，杭州市通过多渠道为河长提供培训指导，帮助河长从原先的"门外汉"逐步成长为治水、管水、护水的"行家里手"。

指导服务机制做了如下五方面创新：

（1）编写河长用书。梳理出版《河长制工作百题问答》，编印法律法规和文件选编、制度选编等河长系列工作参考用书3万余册，指导河长快速进入角色。

（2）组织河长培训。采取集中业务培训、线上线下答疑、专题讲座等方式，送服务到基层，目前已累计培训51场次，受训河长1万余人。

（3）创新智慧河长管理。通过河长制信息化管理平台和APP的"每日一问""新闻动态"栏目，宣传典型经验、科学治水、特色亮点，开展经验交流、在线答疑等，促进河长练好内功。

（4）评选优秀基层河长。通过各地推荐、网络投票、专家评审等环节层层筛选，产生杭州市2015—2016年度优秀基层河长共63名，树立河长履职标杆，明晰河长考核标准；提拔重用优秀河长286名，其中提拔任用到县区级领导岗位13名。

（5）加强河长制宣传。制作河长制工作纪录片、APP使用宣传片、微电影、微杂志等，通过电视、网络等多种渠道广泛推送，树立"比、学、赶、超"的河长典型，大大激发广大河长治水积极性和担当意识，在实践中打造一支过硬的治水铁军。

7 结论和建议

7.1 结论

目前，杭州市区95%河道的水体水质已满足水环境功能区的要求。

（1）配水方面，通过杭州市城市水设施和河道保护管理中心（以下简称中心）制定的《城市河道配水发展管理规范》，妥善处理三堡、珊瑚沙、小砾山等大中型引水工程与河道交通航运、枯水期可取水量及防汛排涝的关系，在确保安全的前提下，合理增加了钱塘江引水量。

通过中心制定的《城市河道闸站养护管理规范》《杭州市城市河道闸站养护管理要求》《杭州市城市河道市管闸站长效管理考核要求》，加强了内河配水闸站调度管理，优化配水方案，使市区河道配水均匀有序。

（2）景观生态方面，杭州河道的底栖动物无论是物种数还是多样性指数均较低，底栖生态系统处于十分脆弱的状态。进一步强化综合治理的效果是杭州市河道生态建设工作需要探索的方向，对于生态治理，今后工作的中心是：以沉水植物恢复为基础，包含浮游动物和底栖动物等在内全水域生物多样性恢复的生态系统恢复，为更好的生态治理效果创造条件。

（3）河道设施配置方面，杭州河道设施配置均根据河道自身特点，选取与环境相融合的设计和材质，突显了河道的人文生态气息，目前还制定了《杭州市城市河道配套设施配置指导意见》《杭州市城市河道设施改善工作规范》《杭州市城市河道设施统计管理工作规范》以及《杭州市城市河道设施改善项目管理及考核规范》。

（4）运行管理方面，目前中心在标准化工作开展方面已建立了完整的标准体系，体系组织包含了340余项标准和法律法规。其中，法律法规占7%，国家和行业的推荐标准共占79%，组织编制的行业及地方标准占4%，内部管控标准占10%。

7.2　建议和展望

随着社会经济和人民生活水平的不断提高以及人们对高品质追求的渐趋强烈，社会对河道环境及其管理水平要求也越来越高。为此，我们的河道管理工作应把水环境治理作为建设生态城市、发展循环经济、可持续发展和构建和谐生活品质之城的重中之重，全面树立"以河道综合整治为基础，以四化长效管理为依托，打造倚水而居的生态城市为目标"的生态治理观，紧紧围绕实现"流畅、水清、岸绿、景美、宜居、繁荣"的总目标，按照"以人为本，生态优先，人水和谐"的管理理念，坚持"高起点规划、高标准养护、高强度投入、高效能管理"，对绕城公路范围内已完成整治的市区城市河道绿线内的各类河道设施，进行依法管理。

今后河道管理工作要实施管理发展战略，以体制发展和技术进步为动力，充分发挥信息化在河道管理中的重要作用，统筹协调，突出重点，完善措施，示范引导，落实责任，持续推进，积极创新，全面打造"规范化、现代化、信息化"的河道管理局面，并充分发挥人民在河道管理工作中的作用，调动河道管理工作者的积极性，大力推进河道管理工作的繁荣发展，让人民共享河道管理发展成果。

7.2.1　长效管理水体设施建议

（1）补充和完善已整治城市河道设施是实现"高效水管理"的重要手段，是实现河道"流畅、水清、岸绿、景美、宜居、繁荣"规划目标的前提和基础，应尽快加强与建设部门的沟通与协调工作，紧密配合，协同作战，按照分期改善计划的有关要求，由管理部门完成设施完善、改善部分内容，建设部门完成实施整改部分内容。

（2）为整治城市河道设施临时改善工程建设，是为民办实事，为民解忧的民心工程，"为民服务"是根本，建设过程应牢牢把握"问需于民、问情于民、问计于民"的核心思想，充分保障百姓的知情权、参与权、选择权、监督权，确保改善工程顺从民心，符合民意，成为名副其实的民心工程。

（3）河道设施改善需要大量经费，建议有关部门尽快落实年度专项资金，为河道设施改善工程建设提供资金保障。

（4）河道设施改善是一项动态的系统工程，应结合国民经济及科学技术发展水平，动态调整河道设施改善内容，以更好地服务于管理，提升管理效率及管理水平。

7.2.2 长效管理景观生态设施建议

在城市化不断推进发展的背景下，生态环境易遭到影响。杭州市河道应防止功能逐渐从多元化到单一化的倒退。

（1）在植物景观方面，所用植物种类主要以乡土植物为宜，乡土植物适应性好、抗病能力强，少有病虫害发生，其园林植物配置要与杭州传统的园林植物配置模式和风格相融合，体现地方特色。根据区域气候、土壤、空气湿度不同，选择适宜的树种来种植，使树种的存活率增加，存活寿命延长。

（2）应在靠近水域的地带设置护栏，贴上危险标志以警示群众，在小孩游玩的地区选择适合、安全的护栏进行设置，加强群众的危机意识，使群众远离危险。

（3）城市河道中部分河道旁都缺乏照明设施，且布置分散，管理也不到位，有的城市河道即使设置照明设施，但损坏较多，维修不够及时。应在需要的地方设置照明设施，及时修复已损坏的照明设施。增派巡河（湖）队伍检查设施的频次，以保证照明设施的正常使用。

7.2.3　长效管理运行设施建议

（1）加快改造闸泵站建成，改善闸泵站投入运行年限长，设备老化等突出问题；启动实施"清水入城工程三年行动"，保障闸站引配水设施安全高效运行；科学制定引配水计划，编制钱江新城、西湖、西溪湿地等重点区域城市河道配水防汛调度方案，挖掘现有引配水设施潜力，优化闸站调度，多引好水，优化配水。

（2）在公共基础设施维护方面，实施小城镇公共基础设施规范化、精细化、常态化管养。通过建立或委托城镇道路和园林绿化管理维护机构，定期开展城镇道路维修养护和园林绿化修剪补种和污水管专业化养护管理等工作。建立"星级评定""交换空间""先进带动""创意设计大赛"等活动载体，把一家一户的"美丽盆景"打造成联片的"美丽庭院"。

（3）加大在设施养护和更新方面的资金投入，设备老化、年久失修会导致在管理运行方面出现问题，要保证设施的正常运行，配合制度的进行。

（4）闸门泵站设施应能够对河道进行水量调配，保证杭州在缺水季节不至于无水可用，对于管理用房及养护基地、垃圾房、公共厕所等设施，管理人员应实时监督并实时反馈。

7.2.4　长效管理体系建议

建立精简、高效的管理机构和责权明确、行为规范、监督有效、保障有力的河道管理体制。随着法律法规体系不断完善，为河道建设管理提供了强有力的法律依据，因此要加大宣传力度，对于各级工作人员，要通过学习深刻理解法律法规，有效指导河道项目的建设，对不同的项目类型提出具体的、有针对性的指导意见；对于企业则要提高他们的遵纪守法意识，让他们明确施工的条件、原则和具体要求，这样能够促进河道部门加强河道管理，有效地规范建设行为，更好地开展社会服务。

水具有流动性与跨区域性，因此政府各部门之间的联系是多维度的，而不是传统体制中自上而下的纵向直线控制。开展城市河道长效管理工作时，要把河道分段包干和整体整治相结合，协调解决好区域之间以及部门之间的关系，深入开展跨区域多部门联动执法。

（1）加强跨区域的协调与配合。杭州市在治水实践中，加强了杭州市江干区、余杭区以及桐乡市等周边行政区域的协调联动，建立水环境跨区域联动治理模式和边界联合执法机制，对交接监测点位开展联合排查；实施区域多水源互通互济和联网联调，盘活水资源存量、挖掘水资源利用潜力。

（2）加强多部门的配合与联合执法。由杭州市城市河道保护管理中心牵头，开展多部门协调与配合。加强与环保、农业等部门合作，开展城市河道水污染整治。

（3）强化河道管理的公共职能是转变政府职能的重要体现。应明确和强化统筹规划职能、组织协调职能、提供服务职能、市场监控职能等公共职能。河道管理职能部门的工作重心落在执行法规、监督检查、编制规划、制定标准等河道公共管理职能上面，逐步形成精简高效、政事分开、管理和作业分离、分级管理、规范有序的城市河道管理体系。

（4）建立以流域为单元的综合性集中管理，由流域管理机构统一流域水资源的规划和水利工程的建设与管理，进行污水回收与处理，形成一条龙的水管理服务体系。不断提高河道管理的效率，实现水资源的良性循环。

（5）推行以排污总量削减为目标的水质改善机制。改变原有的单纯依靠水质指标进行考核的粗放型水质改善考核机制，细化考核指标，结合水质及流量在线监测数据，测算一定时间段的污染负荷削减总量，以污染负荷的削减量为指标对河道水质的改善程度进行考核，使原有的水质改善考核机制更为合理与完善。

（6）提高以生态系统为主线的河道健康保障体系，在可持续发展理念的指导下，改变传统意义上主要以水文条件和水质评价为主的河道评价体系，建立以生态系统为主线的新型河道健康保障体系。河道健康保障体系将充分考虑河道水文、水质及地貌特征变化对于水域生物群落的影响，分析河道生态系统在自然力与人类活动双重作用下的变化趋势，建立河道状况变化与生物过程的关系，是一种兼顾合理开发利用和生态保护的综合保障体系。

（7）河长制方面：2017年7月28日《浙江省河长制规定》（以下简称《规定》）获浙江省人大常委会通过，这意味着全国首个专项立法的河长制法规形成，浙江省通过立法的形式，从制度上对治水经验进行巩固，明确河长职责。《规定》的通过，让浙江省6万多名河长在以后的工作中有章可循、有法可依。河长的职责就是充分发挥监督和协调的作用。

对此，杭州市要从多方面进一步落实河长制：一是从思想上重视河长制。认真贯彻落实《规定》中的内容和要求，通过集中学习的形式让各级河长明确自身职责，促进河长履职履责；二是从资源配备上强化河长制，各直辖区、乡镇根据本单位实际情况统筹多个职能部门，避免各部门单打独斗；三是从网格上落实、落细河长制，依托本单位"网格"，以"网格"为支点，以"网格长"为抓手，各"网格长"化身河道、小微水体"微河长"人手持一张图，配合镇街级、村级河长管理好河道和小微水体；四是从提升业务能力上推进河长制，各直辖区、乡镇要积极组织各级河长开展系统培训，让河长懂得河的基本知识，懂得怎么治河，切实提升河长处理水环境问题的能力。

将河道长效保洁作为"河长制"管理的重要内容。建设河长、河道保洁信息化管理系统，通过GPS定位、实时监控等技术，强化基层河长的考核管理。针对不同河流的特性明确年度目标任务和具体工作措施，同时在"河长制"工作考核中明确长效保洁任务，确保河道长效管理。

7.2.5　长效管理实施监管建议

（1）城市河道长效管理相关信息的公开透明是多元主体参与长效管理的前提和基础。杭州市目前关于"五水共治"的信息通过报纸、微信公众号、新闻等渠道公开的已经相当到位。对于一些深层次的信息，如地下管网信息、污水处理点分布、截污纳管工程实施效果等也要通过官方媒体渠道发布，让公众对治水工作有更进一步的了解。

（2）定期召开河长工作例会。每季度召开一次工作例会，并且邀请民间河长列席，会议的一项重要议程就是倾听民间河长对自己所负责河道在截污纳管、河道长效保洁等方面的意见建议，使得民情民意上通下达，让倾听民意走向制度化、常态化。

杭州市政府应积极探索并建立吸引社会资本投入城市河道长效管理的市场化机制，推行城市河道第三方管理。应从市环保局、市水利局、市农经局等部门抽调专家组成一支治水专家服务队，积极为各级河长提供免费的技术咨询，促进城市河道长效管理。

（3）建立智慧化管理系统，从而实现城市河道长效管理，可以从以下三个方面考虑：

1）建立河道水质监控系统：初步建立河道水质在线监测系统，逐步完善河道水质监控模型，建立杭州城区水资源调配信息系统，不断优化调配水方案，提高河道配水的及时性、准确性，做到"水循环有序"，确保河道水质的稳定持续提升；全面推进河道水质预警报警系统、水质应急处置系统建设，不断提高河道管理应急处置能力。

2）建立水上交通监察系统：以水上交通为监控项目，在旅游船只全球定位系统、水上救援系统及水上监控系统建设基础上，建立河道航运安全信息采集系统，通过信息化管理，做到第一时间发现问题，第一时间解决问题，不断提高水上交通管理决策、预判能力，防患于未然，确保水上交通安全。

3）建立河道景观监管系统：以河道绿地、雕塑、船只、沿岸建筑和经营网点等为监察对象，以河道养绿护绿、河道保洁、船只停泊、沿岸经商营业和水旅游等为监察项目，逐步建立河道景观监察系统，监督实施"洁化、文化、绿化、亮化、序化"工程，提高河道整体景观效果，美化环境，受益于民，以实现"流畅、水清、岸绿、景美、宜居、繁荣"的河道管理目标。

附录A 典型案例

案例A.1 开放城市河道垂钓

1. 杭州开放城市河道垂钓的历程

原先由于水质不好，河道本身生态系统十分脆弱，从改善水质角度出发，杭州城市河道原本是禁止垂钓的。通过几年的治理，特别是经历了4年多的"五水共治"，杭州河道脱胎换骨，水质提升明显，硬件设施日趋完善，到了让市民们分享河道治理成果的时候，城市河道向市民开放垂钓区等亲水区域的条件已逐步成熟。

2016年，杭州市完成了71条垃圾河、277条黑臭河治理，全面消灭了市区黑臭（垃圾）河。2017年，杭州市抓住"截、清、治、修"四大环节，实施截污纳管、雨污分流，新增污水管网393.86km，完成截污纳管和雨污分流项目705个；清淤33条（段）河道，共计50.9km、51.4万 m^3 等。由此，水环境质量稳步提升。

2017年，全市52个市控以上断面中，满足功能要求的断面48个，达标率为92.3%，同比增加7.7个百分点。其中，Ⅰ~Ⅲ类水质断面46个，占88.5%，同比增加3.8个百分点；9个劣Ⅴ类水质断面和1256处劣Ⅴ类水质如期完成剿灭销号任务。杭州市顺利通过剿灭劣Ⅴ类水省级复核验收，全面消灭了劣Ⅴ类水质。

除水质提高外，河道两岸绿化、安全配套设施、环保警示牌等也都同步跟上。河水碧波荡漾，杨柳春风拂面，两岸风情万种。"水清、岸绿、景美"是杭州河道最基本的颜值标准。市民们发现，家门口的河道真的"变"了，这些河道就像是自家的后花园，每日在河岸边散步，成了一种享受，葱郁成林，独具风情，还有亲水平台、桥头公园、园路小径及休憩设施。不少垂钓爱好者尤其是退休的老年人，纷纷向管理部门建议开放垂钓区域，多一些休闲去处。

杭州城管部门根据市民的意见和建议，结合每条河道的具体情况，在为市民做好垂钓区配套设施建设等服务后，分批、逐步开放城市河道垂钓功能。

目前，杭州市城市水设施和河道保护管理中心正在着手制定杭州市城市河道垂钓规划，分批、逐步开放城市河道垂钓功能，2018年开放垂钓河道达到50条。按计划，杭州从2017年开始依照《美丽河道评价标准》DB3301/T 0226—2017全面启动打造10条市级"美丽河道"。区级"美丽河道"也将依照各区实际情况相继展开，到2020年，杭州市级"美丽河道"已达到50条。

2. 杭州市拱墅区的先行探索

在杭州市首批"美丽河道"评比中，拱墅区的古新河片区（古新河—西溪河之河—信义河）力压群雄摘得桂冠，不仅因为古新河历史悠久、人文深厚，也不仅因为拱墅区治水护河成效卓著，还因为古新河探索开放垂钓，还河于民，为杭城乃至全省五水共治从"治水"到"亲水"转型指明了方向。

（1）第一个垂钓点

古新河全长3.8km，南端是西湖，北端和运河相连。"陡门春涨""半道雨红"，在旧"湖墅八景"之中，古新河独占其二，它与白堤有点类似，也是"夹株桃树夹株柳"，亭、台、桥、廊、石雕穿插其中，典型的江南风光。经过有效治理，古新河从过去过路居民绕河行走，沿线民房紧闭的黑臭河道，到现在水质达到Ⅲ类甚至Ⅱ类以上，可谓脱胎换骨、焕然一新，春天时"十里桃花，半道春红"，更是美不胜收。

2016年，杭州境内唯一一条连接两大世界文化遗产的生态廊道——古新河生态廊道"横空出世"，全长2.8km（拱墅段），集生态保护、休闲观光、文化体验于一体，古新河的南北两端，各有一处标识牌，市民游客沿河步行40多分钟就能直接从大运河走到西湖边，从市井走到诗意。8座新修缮的廊亭可作为休憩驿站，沿途还有14个指示牌连接整个廊道，沿岸的城市家具及特色墙绘，充分体现运河、西湖特有的文化元素。

"水清、岸绿、景美"逐一实现，水质提升也带来了水下生态的复苏，鱼虾大量增多。百姓在河道散步、健身、休闲的同时，希望能在家门口垂钓。拱墅区相关管理部门在充分调研和座谈的基础上，满足民众开放河道垂钓的愿望，在古新河（万物桥—左家桥）东侧河岸设置了杭州第一个城市河道垂钓点。整个垂钓区长200多m，共有30多个钓位，设置有四道防坠铁链、救生圈、救生浮梯等设施，保证垂钓安全，还有"爱护花草""不乱扔垃圾"等环保警示牌。生动地实现了古新河从"治水"到"亲水"转变。城市河道垂钓从堵到疏，打通民心民意，最终释放出了"不出城郭而获山水之怡，身居闹市而有林泉之致"的"亲水"生态福利。

（2）杭城首届"水务杯"城市河道垂钓比赛

2016年初开放的杭州主城区首个城市河道垂钓点——拱墅区古新河（万物桥—左家桥）东侧河岸垂钓区，结合了亲水、享水和垂钓功能的垂钓区，给周边居民提供了一个享受治水成果之处，得到垂钓爱好者的一致好评，积累了城市河道开放垂钓的经验，让杭州市首届内河垂钓比赛得以花落此处。

2017年12月28日，"亲水杭城 全民共享——杭州市'水务杯'"首届内河垂钓比赛在古新河隆重举行。古新河水质情况良好，综合评价达Ⅲ类水质以上，河水平均能见度达到了1～1.3m。共有来自杭州市钓鱼协会、老干部钓鱼协会、古新河沿线居民等社会各界近100名钓鱼爱好者参与比赛，经过4个多小时的激烈角逐，比赛根据规定时间内钓鱼总尾数，决出了第一、二、三名，获得了钓鱼协会颁发的获奖证书。媒体竞相报道，进一步扩大了杭州城市河道开放垂钓的影响力，起到了很好的宣传效果，社会各界一致好评。

（3）开放更多垂钓点，推进"垂钓者自治"

从开放第一个垂钓点开始，不断完善垂钓点的设置和垂钓管理方式。在积累前期工作的经验后，拱墅区已率先开放了9条河道、15个垂钓区，共138个点位，每个钓位设置专门的渔具摆放区、遮阳伞安装孔、非机动车停放区、急救柜、垃圾分类桶等；目前正在建设更多的钓点，第一个夜钓平台也将很快建成。

在开放城市河道垂钓的同时，建立、健全城市河道垂钓区域的监管、执法、养护、护河志愿者协同管理的联动机制，确保城市河道垂钓工作有序、健康、文明的推进。拱墅区在垂钓者的管理上，探索前进，开创性地提出以行业管理为主的垂钓者自制管理模式，成立杭州市首个内河管理联盟，以垂钓者管理垂钓者，达到业内自制，让垂钓"这件小而美的事情一直美下去"。

3. 开放城市河道垂钓的长效机制

现实生活中"野钓"行为是管不胜管、不可能杜绝的，与其让"一律禁止"等法律法规流于空洞的口号，硬生生把面广、量大的垂钓爱好者赶到监管的对立面，还不如寓管理于服务，变堵为疏，强监管的同时开放河道垂钓。平心而论，广大垂钓爱好者所钓的其实是一种心态、一种生活状态，从经济的角度来说，钓鱼花费的时间、经历和金钱远远超出钓到的鱼的价值，是一种得不偿失的活动，但是垂钓爱好者却依然乐此不疲。

如果不加规范和管理就开放城市河道垂钓，会带来较多的安全隐患，包括垂钓者和路人。垂钓过程中交通、天气、河道环境、钓具使用不当、垂钓者自我安全意识差等因素都有可能会危及垂钓者人身安全，特别是一些夜钓爱好者，由于晚上天黑，情况复杂，发生意外的概率更大。由于现在使用的钓竿都是高碳材料，有较强的导电性能，在高压线下和雷电天气时钓鱼，十分危险。垂钓者落水丧生、触电身亡等血的教训每年都有发生。

同样，如果河道垂钓设置不合理，也可能危及路人的人身安全，垂钓过程中，观看的路人极有可能被垂钓者不小心"误伤"，由于鱼钩扎人而引发的争执甚至诉讼也是偶有发生。还有垂钓过程中的财物安全问题：在垂钓过程中手机入水很常见，还有如钓具、贵重财物等在垂钓过程中由于看管不力导致损坏或丢失。最重要的是可能危及环境，垂钓者素质参差不齐，难免有人随意丢弃杂物、乱踩草坪、毁坏河边的公共设施和花果苗木、使用有毒有害饵料等，从而破坏河道生态环境，也影响城市美观和形象。

杭州市对城市河道开放垂钓做了如下充分准备和有效治理。

（1）河道垂钓点的设置。杭州市开放垂钓功能的河道要具备三个条件：一是水质在Ⅳ类以上；二是河道的水生态系统相对完善和稳定；三是有相对安全的配套设施，如亲水平台、安全警示牌、环保警示牌等。其中对钓点的设置有严格规定，垂钓区与通行道路之间必须有一定的安全距离或者绿化树木等遮挡，警示牌、警示线、提示牌必须清楚明显，钓位安排合理有序。

（2）倡导自治原则。在充分调研的基础上，形成城市河道垂钓区（点）建设有关要求、垂钓公约、可开放垂钓城市河道等规范性文件，并公开发布；严格开展针对全市城市河道网鱼、电鱼等非法捕捞破坏生态行为的执法行动，形成全民护河、爱河新氛围。探索"垂钓者自治模式"，以古新河为例，钓鱼爱好者自发成立了垂钓兴趣小组，拟制了垂钓公约，实行会员管理机制。原则上只允许兴趣小组的会员进入垂钓，每个会员都有一张会员证，每天凭证到余塘巷8号渔具店取号入场，保证"一人一位"；垂钓公约分三大方面共11条，倡导钓获放流、爱护环境，禁止网、电、毒、炸等破坏行为，体现了非常先进的垂钓理念。

（3）倡导文明垂钓。在加强监管的基础上，通过举办城市河道钓鱼大赛等活动，让企业和社会组织参与进来，运转起来，形成城市河道垂钓共同体，聚拢城市河道垂钓参与群体。同时大力宣传河道垂钓公约，通过发放宣传卡、温馨提示等方式，加强"绿色环保、安全舒适"理念的宣传；结合钓鱼兴趣小组开展活动，及时沟通公约落实情况，收集意见建议，建立台账推进解决；加强垂钓工作的宣传，如获第十三届中美电影节最佳微电影奖的《似水流年》，里面就有大量古新河垂钓兴趣小组亲水护水、河道巡查队伍履职尽责、志愿者开展活动的镜头。

案例A.2　共建共治共享体系

1．共建：城市河道绿化认建认养

自2011年1月1日在上塘河城北体育公园段开展首个城市河道绿化认建认养活动以来，杭州市城市水设施和河道保护管理中心已先后联合市政协、九三学社、市总工会、阿里巴巴、浙江大学、浙江工业大学、学军中学、采荷实验中学、胜利小学等在内的部门、名企、大中小学教育单位的145个组织，在上塘河、五常港、余杭塘河、东河、新塘河等10余条城市河道沿岸开展了认建认养活动，开辟了学业、成长、结婚、幸福、劳模等十余个主题纪念林，认建绿地面积28000余 m^2，认养绿地面积38000余 m^2。2018年9月、10月，分别与浙江大学、公羊会植下战略合作纪念树，共同就生态文明建设、城市管理志愿服务等开展合作。

2．共治：志愿者巡河

各区积极响应巡河活动，市区联动，组织成立了民间河长、护河者联盟、党员先锋护河队、河道义务监督员等志愿者团队开展爱河护河巡河活动。拱墅区的护河者联盟，人员涵盖了辖区沿河近20家企业、学校、事业单位及居民志愿者，共计350余人，他们主动参与污水治理，保护生态环境，实行轮班工作制，每周制定巡河计划，监督排放口、监测水质、阻止洗衣等不文明现象，同时对"五水共治"进行宣传；江干区民间河长徐慧芬组建的党员先锋护河队，无论春夏秋冬、刮风下雨、烈日骄阳，这支队伍每天头戴小红帽、佩戴红袖章、身穿志愿者马甲，沿着辖区贴沙河进行日常巡查。这支护河团队始终如一守护着我们的城市河道，一旦发现有违法垂钓、游泳、聚众赌博等行为便立即上前劝导或是联系相关部门前来整治。

3. 共享：亲水杭城、全民共享

杭州治水卓有成效，河道愈加干净，鱼虾也多了起来，为了能让市民共享治理成果，杭州市开放河道，组织龙舟、划艇比赛等，并向垂钓爱好者开放河道垂钓。拱墅区西塘河垂钓区位于拱墅区和睦街道华丰造纸厂后大门，共有钓位10个，每个钓位设置了专门的渔具摆放区、非机动车停放区、遮阳伞安装孔等，急救柜、分类垃圾桶等保障设施也一应俱全。全天候免费向公众开放使用。

2017年12月，杭州市河道城市水设施和保护管理中心联合拱墅区举办了首届城市河道垂钓比赛。

2018年，江干区按照"一月一活动"的要求，先后举办了"水韵钱塘"系列大型宣传活动、"亲水进校园，护水共宣传"系列活动、放风筝活动、游园活动。这些"亲水杭城，全民共享"主题活动，社会反响积极，市民们交口称赞。

2019年10月，杭州城市河道生态文明建设促进会正式成立，并落实推动城市河道共建、共管、共享，切实提升市民群众的获得感和满意度，真正实现城市河道社会治理的新局面。

在城市河道长效管理下，杭州打造的共建、共治、共享的城市河道微治理体系：一方面不断开放了城市河道水域，让城市河道成为水上运动、水上救援、传统龙舟等社会微治理的重要载体；另一方面引导市民更好地保护、监督城市河道水环境，让治理成果惠及更多市民百姓，不断推进生态文明新窗口建设。

附录 B 2018 年杭州市市区河道养护报表

表 B.1 杭州市市区河道养护 1 月报表

杭州市市区河道养护月报表

填报单位：杭州西湖区市政工程有限公司				填报日期：2018 年 1 月 25 日			
项目	内容	数量	累计	项目	内容	数量	累计
管养范围	河道条数	3		水生植物养护	修剪（处）	13	13
	总长度（m）	20949			防治病虫（次／kg）		
	总水域面积（m²）	491455			清理（m²）	8300	8300
	总河岸面积（m²）	474218.65		巡查情况	自查问题个数	80	80
管养力量	保洁人员（个）	28			整改完成个数	80	80
	巡查人员（个）	4			重要情况说明	无	
	船只（艘）	11		设施维护	驳坎挡墙（处／m）		
河面保洁	打捞漂浮物（t）	23	23		围护桩／护坡（处／m）		
	打捞水草（t）	1.5	1.5		硬质护栏（处／m）		
					环卫设施（处）	8	8
	清除障碍物（t）				附属设施（处）	9	9
	灭蚊喷药（次／kg）				硬质地面（处／m²）	10／40	10／40

续表

项目	内容	数量	累计	项目	内容	数量	累计
河岸管养	清扫垃圾（t）	118	118	水体突变情况	突变情况（河道位置、时间、影响长度、原因、措施等）		无
绿化养护	苗木补植（m²）	2650	2650				
	苗木修剪（棵）	2800	2800				
	锄草（m²）	1000	1000				
	灌溉（t）	16	16				
	施肥（kg）	2500	2500				
	防治病虫（次/kg）	5	5	养护安全自查	救生衣穿戴不规范（人次）		
垃圾运输	本月运输（t）	141	141		设备检查维护情况（次）	1	1
其他事项说明：		无					
填表人：×××				负责人：×××			
杭州市城市水设施和河道保护管理中心（以下简称市河道中心）邮箱							

表B.2 杭州市市区河道养护2月报表

杭州市市区河道养护月报表							
填报单位: 杭州西湖区市政工程有限公司				填报日期: 2018年2月25日			
项目	内容	数量	累计	项目	内容	数量	累计
管养范围	河道条数	3		水生植物养护	修剪（处）	11	24
	总长度（m）	20949			防治病虫（次 / kg）		
	总水域面积（m²）	491455			清理（m²）	8300	16600
	总河岸面积（m²）	474218.65		巡查情况	自查问题个数	75	155
管养力量	保洁人员（个）	28			整改完成个数	75	155
	巡查人员（个）	4			重要情况说明	无	
	船只（艘）	11		设施维护	驳坎挡墙（处 / m）		
河面保洁	打捞漂浮物（t）	22	45		围护桩 / 护坡（处 / m）		
	打捞水草（t）	1	2.5		硬质护栏（处 / m）	6	6
					环卫设施（处）	10	18
	清除障碍物（t）				附属设施（处）	3	12
	灭蚊喷药（次 / kg）				硬质地面（处 / m²）	6 / 33	16 / 73
河岸管养	清扫垃圾（t）	105	223	水体突变情况	突变情况（河道位置、时间、影响长度、原因、措施等）	无	
绿化养护	苗木补植（m²）	1800	4450				
	苗木修剪（棵）	1300	4100				
	锄草（m²）	3100	4100				
	灌溉（t）	14	30				
	施肥（kg）	5300	7800				

续表

项目	内容	数量	累计	项目	内容	数量	累计
绿化养护	防治病虫（次／kg）	2	7	养护安全自查	救生衣穿戴不规范（人次）	1	1
垃圾运输	本月运输（t）	127	268		设备检查维护情况（次）	1	2
其他事项说明：	无						
填表人：×××				负责人：×××			
市河道中心邮箱							

表B.3 杭州市市区河道养护3月报表

杭州市市区河道养护月报表							
填报单位: 杭州西湖区市政工程有限公司				填报日期: 2018 年 3 月 25 日			
项目	内容	数量	累计	项目	内容	数量	累计
管养范围	河道条数	3		水生植物养护	修剪（处）	13	37
	总长度（m）	20949			防治病虫（次／kg）		
	总水域面积（m²）	491455			清理（m²）	550	17150
	总河岸面积（m²）	474218.65		巡查情况	自查问题个数	82	237
管养力量	保洁人员（个）	30			整改完成个数	82	237
	巡查人员（个）	4			重要情况说明	无	
	船只（艘）	11		设施维护	驳坎挡墙（处／m）	1／10	1／10
河面保洁	打捞漂浮物（t）	24.2	69.2		围护桩／护坡（处／m）		
	打捞水草（t）	1.3	3.8		硬质护栏（处／m）	3	9
					环卫设施（处）	8	26
	清除障碍物（t）				附属设施（处）	10	22
	灭蚊喷药（次／kg）				硬质地面（处／m²）	8／14	24／87
河岸管养	清扫垃圾（t）	30	253	水体突变情况	突变情况（河道位置、时间、影响长度、原因、措施等）	无	
绿化养护	苗木补植（m²）	2300	6750				
	苗木修剪（棵）	800	4900				
	锄草（m²）	70000	74100				
	灌溉（t）	10	40				

续表

项目	内容	数量	累计	项目	内容	数量	累计
绿化养护	施肥（kg）	2700	10500	水体突变情况	突变情况（河道位置、时间、影响长度、原因、措施等）	无	
	防治病虫（次/kg）	15.75	22.75	养护安全自查	救生衣穿戴不规范（人次）	0	1
垃圾运输	本月运输（t）	54.2	322.2		设备检查维护情况（次）	1	3
其他事项说明：		无					
填表人：×××				负责人：×××			
市河道中心邮箱							

表B.4 杭州市市区河道养护4月报表

杭州市市区河道养护月报表							
填报单位：杭州西湖区市政工程有限公司				填报日期：2018年4月25日			
项目	内容	数量	累计	项目	内容	数量	累计
管养范围	河道条数	3		水生植物养护	修剪（处）	23	60
	总长度（m）	20949			防治病虫（次/kg）		
	总水域面积（m²）	491455			清理（m²）	650	17800
	总河岸面积（m²）	474218.65		巡查情况	自查问题个数	82	324
管养力量	保洁人员（个）	30			整改完成个数	82	324
	巡查人员（个）	4			重要情况说明	无	
河面保洁	船只（艘）	11		设施维护	驳坎挡墙（处/m）	1/5	2/15
	打捞漂浮物（t）	26.5	95.7		围护桩/护坡（处/m）		
	打捞水草（t）	2.5	6.3		硬质护栏（处/m）	3	12
	清除障碍物（t）				环卫设施（处）	6	32
	灭蚊喷药（次/kg）				附属设施（处）	18	40
					硬质地面（处/m²）	8/19.5	32/106.5
河岸管养	清扫垃圾（t）	27.6	280.6	水体突变情况	突变情况（河道位置、时间、影响长度、原因、措施等）	无	

续表

项目	内容	数量	累计	项目	内容	数量	累计
绿化养护	苗木补植（m²）	3300	10050	水体突变情况	突变情况（河道位置、时间、影响长度、原因、措施等）	无	
	苗木修剪（棵）	2250	7150				
	锄草（m²）	70000	144100				
	灌溉（t）	15	55				
	施肥（kg）	2200	12700				
	防治病虫（次／kg）	29	51.75	养护安全自查	救生衣穿戴不规范（人次）	0	1
垃圾运输	本月运输（t）	54.1	376.3		设备检查维护情况（次）	1	4
其他事项说明：				无			
填表人：×××				负责人：×××			
市河道中心邮箱							

表B.5 杭州市市区河道养护5月报表

杭州市市区河道养护月报表							
填报单位：杭州西湖区市政工程有限公司				填报日期：2018年5月25日			
项目	内容	数量	累计	项目	内容	数量	累计
管养范围	河道条数	3		水生植物养护	修剪（处）	15	75
	总长度（m）	20949			防治病虫（次／kg）		
	总水域面积（m²）	491455			清理（m²）	750	18550
	总河岸面积（m²）	474218.65		巡查情况	自查问题个数	86	410
管养力量	保洁人员（个）	30			整改完成个数	86	410
	巡查人员（个）	4			重要情况说明	无	
	船只（艘）	11		设施维护	驳坎挡墙（处／m）	1／5	3／20
河面保洁	打捞漂浮物（t）	27.5	123.2		围护桩／护坡（处／m）	0	
	打捞水草（t）	3.2	9.5		硬质护栏（处／m）	4	16
					环卫设施（处）	5	37
	清除障碍物（t）				附属设施（处）	4	44
	灭蚊喷药（次／kg）				硬质地面（处／m²）	7／14	39／120.5
河岸管养	清扫垃圾（t）	31.25	311.85	水体突变情况	突变情况（河道位置、时间、影响长度、原因、措施等）	无	

项目	内容	数量	累计	项目	内容	数量	累计
绿化养护	苗木补植（m²）	3100	13150	水体突变情况	突变情况（河道位置、时间、影响长度、原因、措施等）	无	
	苗木修剪（棵）	1250	8400				
	锄草（m²）	45000	189100				
	灌溉（t）	25	80				
	施肥（kg）	2000	14700				
	防治病虫（次/kg）	34.8	86.55	养护安全自查	救生衣穿戴不规范（人次）	0	1
垃圾运输	本月运输（t）	54.1	376.3		设备检查维护情况（次）	1	5
其他事项说明：	无						
填表人：×××　　　　　　　　　　负责人：×××							
市河道中心邮箱							

表B.6 杭州市市区河道养护6月报表

杭州市市区河道养护月报表							
填报单位: 杭州西湖区市政工程有限公司				填报日期: 2018年6月25日			
项目	内容	数量	累计	项目	内容	数量	累计
管养范围	河道条数	3		水生植物养护	修剪（处）	37	112
	总长度（m）	20949			防治病虫（次/kg）		
	总水域面积（m²）	491455			清理（m²）	750	19300
	总河岸面积（m²）	474218.65		巡查情况	自查问题个数	79	489
管养力量	保洁人员（个）	34			整改完成个数	79	489
	巡查人员（个）	4			重要情况说明	无	
	船只（艘）	11		设施维护	驳坎挡墙（处/m）	0	3/20
河面保洁	打捞漂浮物（t）	30	153.2		围护桩/护坡（处/m）	0	0
	打捞水草（t）	2.5	12		硬质护栏（处/m）	4	20
					环卫设施（处）	8	45
	清除障碍物（t）				附属设施（处）	3	47
	灭蚊喷药（次/kg）				硬质地面（处/m²）	9/14.5	48/135
河岸管养	清扫垃圾（t）	39	350.85	水体突变情况	突变情况（河道位置、时间、影响长度、原因、措施等）	无	
绿化养护	苗木补植（m²）	4900	18050				
	苗木修剪（棵）	1550	9950				
	锄草（m²）	44000	233100				
	灌溉（t）	38	118				
	施肥（kg）	1800	16500				

项目	内容	数量	累计	项目	内容	数量	累计
绿化养护	防治病虫（次／kg）	34.5	121.05	养护安全自查	救生衣穿戴不规范（人次）	0	1
垃圾运输	本月运输（t）	69	504.05		设备检查维护情况（次）	1	6
其他事项说明：		无					
填表人：×××				负责人：×××			
市河道中心邮箱							

表B.7 杭州市市区河道养护7月报表

杭州市市区河道养护月报表							
填报单位: 杭州西湖区市政工程有限公司				填报日期: 2018年7月25日			
项目	内容	数量	累计	项目	内容	数量	累计
管养范围	河道条数	3		水生植物养护	修剪（处）	28	140
	总长度（m）	20949			防治病虫（次/kg）		
	总水域面积（m²）	491455			清理（m²）	600	19900
	总河岸面积（m²）	474218.65		巡查情况	自查问题个数	77	566
管养力量	保洁人员（个）	34			整改完成个数	77	566
	巡查人员（个）	4			重要情况说明	无	
	船只（艘）	11		设施维护	驳坎挡墙（处/m）	0	3/20
河面保洁	打捞漂浮物（t）	31.5	184.7		围护桩/护坡（处/m）	0	0
	打捞水草（t）	5	17		硬质护栏（处/m）	5	25
					环卫设施（处）	8	53
	清除障碍物（t）				附属设施（处）	10	57
	灭蚊喷药（次/kg）				硬质地面（处/m²）	6/17	54/152
河岸管养	清扫垃圾（t）	33.5	384.35				
绿化养护	苗木补植（m²）	2210	20260	水体突变情况	突变情况（河道位置、时间、影响长度、原因、措施等）	无	
	苗木修剪（棵）	2030	11980				
	锄草（m²）	60000	293100				
	灌溉（t）	400	518				
	施肥（kg）	2600	19100				

项目	内容	数量	累计	项目	内容	数量	累计
绿化养护	防治病虫（次/kg）	47	168.05	养护安全自查	救生衣穿戴不规范（人次）	0	1
垃圾运输	本月运输（t）	65	569.05		设备检查维护情况（次）	1	6
其他事项说明：		无					
填表人：×××				负责人：×××			
市河道中心邮箱							

表B.8　杭州市市区河道养护8月报表

项目	内容	数量	累计	项目	内容	数量	累计
	杭州市市区河道养护月报表						
填报单位：杭州西湖区市政工程有限公司				填报日期：2018年8月25日			
管养范围	河道条数	3		水生植物养护	修剪（处）	16	156
	总长度（m）	20949			防治病虫（次／kg）		
	总水域面积（m²）	491455			清理（m²）	300	20200
	总河岸面积（m²）	474218.65		巡查情况	自查问题个数	111	677
管养力量	保洁人员（个）	34			整改完成个数	111	677
	巡查人员（个）	4			重要情况说明	无	
	船只（艘）	11		设施维护	驳坎挡墙（处／m）	0	3／20
河面保洁	打捞漂浮物（t）	76.5	261.2		围护桩／护坡（处／m）	0	0
	打捞水草（t）	0.5	17.5		硬质护栏（处／m）	5	30
	清除障碍物（t）				环卫设施（处）	8	61
					附属设施（处）	5	62
	灭蚊喷药（次／kg）				硬质地面（处／m²）	11／11	65／163
河岸管养	清扫垃圾（t）	22.5	406.85	水体突变情况	突变情况（河道位置、时间、影响长度、原因、措施等）	无	
绿化养护	苗木补植（m²）	5700	25960				
	苗木修剪（棵）	2250	14230				
	锄草（m²）	70000	363100				
	灌溉（t）	69	587				
	施肥（kg）	900	20000				
	防治病虫（次／kg）	15	183.05	养护安全自查	救生衣穿戴不规范（人次）	0	1
垃圾运输	本月运输（t）	99	668.05		设备检查维护情况（次）	1	8

续表

项目	内容	数量	累计	项目	内容	数量	累计
其他事项说明：		无					
填表人：×××				负责人：×××			
市河道中心邮箱							

表B.9 杭州市市区河道养护9月报表

杭州市市区河道养护月报表

填报单位：杭州西湖区市政工程有限公司　　　填报日期：2018年9月25日

项目	内容	数量	累计	项目	内容	数量	累计
管养范围	河道条数	3		水生植物养护	修剪（处）	16	156
	总长度（m）	20949			防治病虫（次／kg）		
	总水域面积（m²）	491455			清理（m²）	300	20200
	总河岸面积（m²）	474218.65		巡查情况	自查问题个数	111	677
管养力量	保洁人员（个）	34			整改完成个数	111	677
	巡查人员（个）	4			重要情况说明	无	
	船只（艘）	11		设施维护	驳坎挡墙（处／m）	0	3／20
河面保洁	打捞漂浮物（t）	76.5	261.2		围护桩／护坡（处／m）	0	0
	打捞水草（t）	0.5	17.5		硬质护栏（处／m）	5	30
					环卫设施（处）	8	61
	清除障碍物（t）				附属设施（处）	5	62
	灭蚊喷药（次／kg）				硬质地面（处／m²）	11／11	65／163
河岸管养	清扫垃圾（t）	22.5	406.85	水体突变情况	突变情况（河道位置、时间、影响长度、原因、措施等）	无	
绿化养护	苗木补植（m²）	5700	25960				
	苗木修剪（棵）	2250	14230				
	锄草（m²）	70000	363100				
	灌溉（t）	69	587				
	施肥（kg）	900	20000				
	防治病虫（次／kg）	15	183.05	养护安全自查	救生衣穿戴不规范（人次）	0	1

续表

项目	内容	数量	累计	项目	内容	数量	累计
垃圾运输	本月运输（t）	99	668.05	养护安全自查	设备检查维护情况（次）	1	8
联合执法	执法详细情况			1. 2018.9.27 南黄港养和医院，有违章排污水现象，化粪池中的污水流入我公司养护绿化及园路，再流向南黄港河道，造成河道污染。我公司发现此现象立即联系执法，执法到达现场，并向医院开出处罚单。后续我公司也会密切关注现场状况，随时上报。 2. 2018.9.27 南黄港同协路南黄港桥向西 100m 北岸，早上 9 点 40 分左右发现一处物流公司违章抽水，已报执法处理，扣留水泵要求该公司去审批			
填表人：×××				负责人：×××			
市河道中心邮箱							

表 B.10　杭州市市区河道养护10月报表

杭州市市区河道养护月报表							
填报单位: 杭州西湖区市政工程有限公司				填报日期: 2018 年 10 月 25 日			
项目	内容	数量	累计	项目	内容	数量	累计
管养范围	河道条数	3		生态养护	水草修剪清理（处）	63	254
	总长度（m）	20949			防治病虫（次 / kg）		
	总水域面积（m²）	491455			曝气机维护（处）		
	总河岸面积（m²）	474218.65			浮岛维护（处）		
管养力量	保洁人员（个）	34		巡查情况	自查问题个数	163	1000
	巡查人员（个）	4			整改完成个数	163	1000
	船只（艘）	11		设施维护	驳坎挡墙（处 / m）	0	5 / 22
河面保洁	打捞漂浮物（t）	45	390.2		围护桩 / 护坡（处 / m）	0	0
	打捞水草（t）	0.5	18.5		硬质护栏（处 / m）	4	39
	清除障碍物（t）				环卫设施（处）	5	71
	灭蚊喷药（次 / kg）				附属设施（处）	7	70
河岸管养	清扫垃圾（t）	18.9	454.2		硬质地面（处 / m²）	7 / 5	89 / 181
垃圾运输	本月运输（t）	63.9	844.4	水质管理	水质突变情况（河道位置、时间、影响长度、原因、措施等）		
绿化养护	苗木补植（m²）	5800	41840				
	苗木修剪（棵）	2970	19650				

续表

项目	内容	数量	累计	项目	内容	数量	累计
绿化养护	锄草（m²）	66000	516400	水质管理	排放口晴天出水情况（河道位置、时间、出水大小及浑浊度、应急措施等）	备塘河5个，南黄港3个晴天排水管口，以日报形式上报江干区，其中备塘河有一个近期已封堵	
	灌溉（t）	29	638				
	施肥（kg）	1300	23150				
	防治病虫（次／kg）	13.2	213.25	养护安全自查	救生衣穿戴不规范（人次）	0	2
联合执法	联合执法次数	3	3		设备检查维护情况（次）	1	10
	执法详细情况	2018.10.13九沙河九环路春晴桥东北侧电力施工违章开挖毁坏沿岸绿化，已现场报执法并叫停施工，施工方承诺去市里审批。我公司后续会加强此段巡查力度						

表B.11 杭州市市区河道养护11月报表

杭州市市区河道养护月报表							
填报单位：杭州西湖区市政工程有限公司				填报日期：2018年11月25日			
项目	内容	数量	累计	项目	内容	数量	累计
管养范围	河道条数	3		生态养护	水草修剪清理（处）	45	299
	总长度（m）	20949			防治病虫（次/kg）		
	总水域面积（m²）	491455			曝气机维护（处）		
	总河岸面积（m²）	474218.65			浮岛维护（处）		
管养力量	保洁人员（个）	34		巡查情况	自查问题个数	155	1155
	巡查人员（个）	4			整改完成个数	155	1155
	船只（艘）	11		设施维护	驳坎挡墙（处/m）	0	5/22
河面保洁	打捞漂浮物（t）	51.4	441.6		围护桩/护坡（处/m）	3/15	3/15
	打捞水草（t）	0	18.5		硬质护栏（处/m）	0	39
	清除障碍物（t）				环卫设施（处）	4	75
	灭蚊喷药（次/kg）				附属设施（处）	9	79
河岸管养	清扫垃圾（t）	19.9	474.1		硬质地面（处/m²）	13/11	102/192
垃圾运输	本月运输（t）	71.3	967.1	水质管理	水质突变情况（河道位置、时间、影响长度、原因、措施等）		

续表

项目	内容	数量	累计	项目	内容	数量	累计
绿化养护	苗木补植（m²）	13270	55110	水质管理	水质突变情况（河道位置、时间、影响长度、原因、措施等）		
	苗木修剪（棵）	2210	21860				
	锄草（m²）	56900	573300		排放口晴天出水情况（河道位置、时间、出水大小及浑浊度、应急措施等）	备塘河5个，南黄港3个晴天排水管口，以日报形式上报江干区其中备塘河有一个近期已封堵	
	灌溉（t）	30	668				
	施肥（kg）	1250	24400				
	防治病虫（次/kg）	6	219.25	养护安全自查	救生衣穿戴不规范（人次）	0	2
联合执法	联合执法次数	3	6		设备检查维护情况（次）	1	11
	执法详细情况	1. 2018.11.5九沙河一期红普路东侧200m北岸凝翠桥附近，钱江智慧城雨水井排查检测人员，未通知情况下施工设备毁坏绿化（约10m²），未审批情况下将雨水井内水排放到河道（清水，无异味）。已现场叫停施工，并报江干区九堡街道执法中队进行处理，情况上报市管河道微信群。九堡执法中队到现场，施工停止。后续：绿化已恢复。 2. 2018.11.14备塘河江南巷文晖街道孟良拆迁过程中，施工单位运输材料时将绿化苗木损坏，造成绿地景观破坏。现已报执法，并联系施工单位，施工单位近期会清理里面石块垃圾。我公司将持续关注后续情况。 3. 2018.11.15备塘河丁兰路临丁路口西北侧违章拆迁压坏绿化已报执法并施工方联系，执法中队要求他们下午先退回围墙内，先到市河道监管中心去审批，审批完成后再重新占用					

表 B.12 杭州市市区河道养护 12 月报表

杭州市市区河道养护月报表							
填报单位: 杭州西湖区市政工程有限公司				填报日期: 2018 年 12 月 25 日			
项目	内容	数量	累计	项目	内容	数量	累计
管养范围	河道条数	3		生态养护	水草修剪清理（处）	62	361
	总长度（m）	20949			防治病虫（次／kg）		
	总水域面积（m²）	491455			曝气机维护（处）		
	总河岸面积（m²）	474218.65			浮岛维护（处）		
管养力量	保洁人员（个）	34		巡查情况	自查问题个数	170	1225
	巡查人员（个）	4			整改完成个数	170	1225
	船只（艘）	11		设施维护	驳坎挡墙（处／m）	0	5／22
河面保洁	打捞漂浮物（t）	54.1	495.7		围护桩／护坡（处／m）	0	3／15
	打捞水草（t）	0	18.5		硬质护栏（处／m）	2／5	2／5
	清除障碍物（t）				环卫设施（处）	2	77
	灭蚊喷药（次／kg）				附属设施（处）	0	79
河岸管养	清扫垃圾（t）	56.5	530.6		硬质地面（处／m²）	6／6	108／198
垃圾运输	本月运输（t）	110.6	1075	水质管理	水质突变情况（河道位置、时间、影响长度、原因、措施等）		
绿化养护	苗木补植（m²）	6220	61330				
	苗木修剪（棵）	1930	23790				

项目	内容	数量	累计	项目	内容	数量	累计
绿化养护	锄草（m²）	45100	618400	水质管理	排放口晴天出水情况（河道位置、时间、出水大小及浑浊度、应急措施等）	备塘河 4 个，南黄港 2 个晴天排水管口，以日报形式上报江干区其中备塘河有 2 个近期已不排水	
	灌溉（t）	25	693				
	施肥（kg）	2200	26600				
	防治病虫（次/kg）	25.25	244.5	养护安全自查	救生衣穿戴不规范（人次）	0	2
联合执法	联合执法次数	0	6		设备检查维护情况（次）	1	12
	执法详细情况						

附录 C 备塘河绿地管养工作情况表

表 C.1 2018 年 1 月备塘河绿地病虫害防治工作情况表

市管河道绿地病虫害防治工作情况表							
（网蟒、叶螨、蚜虫、木虱、红蜘蛛、小绿叶蝉、蝉、天牛、红棕象甲、枯枝枯萎病等病虫害）							
养护单位	绿地名称	树木品种名称	病虫害名称	危害程度	防治效果	药品名称	防治时间
杭州西湖区市政工程有限公司	备塘河	红枫	蚧壳虫	一般	良好	人工清除虫卵	2018.1.9
	备塘河	鸡爪槭	蚧壳虫	一般	良好	人工清除虫卵	2018.1.9
	备塘河	柳树	刺娥	一般	良好	人工清除虫卵	2018.1.11

养护单位	绿地名称	树木品种名称	病虫害名称	危害程度	防治效果	药品名称	防治时间
操作人员姓名及技术职称	×××、×××、×××						
验收时间							
验收人员签字							

表C.2 2018年1月备塘河绿地苗木施肥工作情况表

养护单位	绿地名称	施肥树木品种	施肥数量（株/m²）	施肥方式	肥料名称	肥料用量（kg）	施肥时间
杭州西湖区市政工程有限公司	备塘河	香樟	23	穴施	复合肥	12	2018.1.9
	备塘河	金桂	15	穴施	复合肥	8	2018.1.9
	备塘河	二乔玉兰	17	穴施	复合肥	9	2018.1.9
操作人员姓名及技术职称	×××、×××、×××						
验收时间							
验收人员签字							

市管河道绿地苗木施肥工作情况表

表C.3　2018年1月备塘河绿地乔木、花灌木及灌木修剪工作情况表

市管河道绿地乔木、花灌木及灌木修剪工作情况表				
养护单位	绿地名称	修剪树木品种	修剪数量（株）	修剪时间
杭州西湖区市政工程有限公司	备塘河	木芙蓉	18	2018.1.9
	备塘河	柳树	32	2018.1.12
	备塘河	桂花	25	2018.1.17
操作人员姓名及技术职称	×××、×××、×××			
验收时间				
验收人员签字				

表C.4 2018年1月备塘河绿地园林废弃物处置工作情况表

市管河道绿地园林废弃物处置工作情况表						
养护单位	绿地名称	废弃物种类	数量（t）	处置方式	处置时间	处置地点
杭州西湖区市政工程有限公司	备塘河	树枝	3	填埋	2018.1.1	拱康垃圾回收站
	备塘河	树枝	4	填埋	2018.1.9	拱康垃圾回收站
	备塘河	树枝	3	填埋	2018.1.12	拱康垃圾回收站
	备塘河	树枝	5	填埋	2018.1.15	拱康垃圾回收站
	备塘河	树枝	4	填埋	2018.1.18	拱康垃圾回收站
操作人员	×××、×××、×××					
验收时间						
验收人员签字						

表C.5 2018年1月备塘河绿地苗木调整工作情况表

市管河道公共绿地苗木调整工作情况表					
养护单位	绿地名称	苗木调整情况	更换数量（株／m²）	更换时间	更换原因
杭州西湖区市政工程有限公司	备塘河	草坪调整为麦冬	20	2018.1.9	草坪退化
	备塘河	草坪调整为麦冬	50	2018.1.12	草坪退化
	备塘河	草坪调整为吉祥草	40	2018.1.8	草坪退化
操作人员	×××、×××、×××				
验收时间					
验收人员签字					

表C.6 2018年1月备塘河绿地抗雪防冻工作情况表

市管河道绿地抗雪防冻工作情况表								
养护单位	绿地名称	树木品种	清除断枝（t）	清理断枝（株）	扶正数量（株）	出动车辆	出动人员	时间
杭州西湖区市政工程有限公司	备塘河	香樟等	1	120	5	1	13	2018.1.26
	备塘河	香樟等	2.75	250	无	1	13	2018.1.27
	备塘河	香樟等	6	500	无	1	13	2018.1.28
	备塘河	香樟等	4.5	200	无	1	13	2018.1.29
操作人员姓名及技术职称	×××、×××、×××							
验收时间								
验收人员签字								

附录D 专家验收意见

《杭州市河道长效管理后评估》课题
验收意见

2019年10月24日,杭州市城市水设施和河道保护管理中心组织专家成立专家组对《杭州市城市河道长效管理后评估》进行了验收。专家组听取了项目组的汇报,审阅了相关资料,经质询、讨论形成如下验收意见:

1.项目组提交的验收资料较为齐全,基本符合验收要求。

2.项目组搜集了大量的一手资料,在此基础上对比分析了杭州市城市河道长效管理前后的状况,对城市河道长效管理进行了客观、全面、系统的评估,总结归纳了城市河道管理的经验,剖析了存在的问题和不足,借鉴了国外成功案例,为杭州市今后城市河道的长效管理提供了实施依据。

3.专家组建议从以下几个方面进行进一步修改:

(1)优化调整评估报告的框架,增强其条理性和逻辑性;

(2)进一步凝练提升评估报告的结论,突出城市河道管理工作的亮点。

专家组认为研究成果实现了预期目标,同意通过验收。

专家签字:

2019年10月24日

参考文献

［1］刘林华，杨之文. 城镇地区河道长效管理的实践与思考［J］. 中国水利，2015（8）：49-50.

［2］余佳龙，余晓燕，戴海炎. 杭州市黑臭河治理长效管理问题与对策［J］. 现代农业科技，2017（20）：161-163.

［3］卜珺，房立洲. 杭州城市河道长效管理的机制与成效［J］. 城乡建设，2011（2）：41-43.

［4］王菁菁. 杭州市城市河道生态护岸景观营造及评价研究［D］. 2016.

［5］梅仁爱. 浅谈杭州城市河道长效管理体系建设［J］. 科技视界，2014（7）：319-320.